住房和城乡建设部标准定额研究所　　　　　建设工程造价技术资料

通用安装工程消耗量

TY 02-31-2021

第六册　自动化控制仪表安装工程

TONGYONG ANZHUANG GONGCHENG XIAOHAOLIANG

DI-LIU CE ZIDONGHUA KONGZHI YIBIAO ANZHUANG GONGCHENG

中国计划出版社

北　京

图书在版编目（ＣＩＰ）数据

通用安装工程消耗量 ：TY02-31-2021. 第六册，自
动化控制仪表安装工程 ／ 住房和城乡建设部标准定额研
究所组织编制. -- 北京 ： 中国计划出版社，2022.2
ISBN 978-7-5182-1404-4

Ⅰ. ①通… Ⅱ. ①住… Ⅲ. ①建筑安装－消耗定额－
中国②自动化仪表－设备安装－消耗定额－中国 Ⅳ.
①TU723.3

中国版本图书馆CIP数据核字(2022)第002754号

责任编辑:刘　涛　　　　封面设计:韩可斌
责任校对:杨奇志　谭佳艺　　责任印制:赵文斌　李　晨

中国计划出版社出版发行
网址:www.jhpress.com
地址:北京市西城区木樨地北里甲 11 号国宏大厦 C 座 3 层
邮政编码:100038　电话:(010)63906433(发行部)
北京市科星印刷有限责任公司印刷

880mm×1230mm　1 /16　12.75 印张　378 千字
2022 年 2 月第 1 版　2022 年 2 月第 1 次印刷

定价:90.00 元

前　言

工程造价是工程建设管理的重要内容。以人工、材料、机械消耗量分析为基础进行工程计价，是确定和控制工程造价的重要手段之一，也是基于成本的通用计价方法。长期以来，我国建立了以施工阶段为重点，涵盖房屋建筑、市政工程、轨道交通工程等各个专业的计价体系，为确定和控制工程造价、提高我国工程建设的投资效益发挥了重要作用。

随着我国工程建设技术的发展，新的工程技术、工艺、材料和设备不断涌现和应用，落后的工艺、材料、设备和施工组织方式不断被淘汰，工程建设中的人材机消耗量也随之发生变化。2020年我部办公厅发布《工程造价改革工作方案》（建办标〔2020〕38号），要求加快转变政府职能，优化概算定额、估算指标编制发布和动态管理，取消最高投标限价按定额计价的规定，逐步停止发布预算定额。为做好改革期间的过渡衔接，在住房和城乡建设部标准定额司的指导下，我所根据工程造价改革的精神，协调2015年版《房屋建筑与装饰工程消耗量定额》《市政工程消耗量定额》《通用安装工程消耗量定额》的部分主编单位、参编单位以及全国有关造价管理机构和专家，按照简明适用、动态调整的原则，对上述专业的消耗量定额进行了修订，形成了新的《房屋建筑与装饰工程消耗量》《市政工程消耗量》《通用安装工程消耗量》，由我所以技术资料形式印刷出版，供社会参考使用。

本次经过修订的各专业消耗量，是完成一定计量单位的分部分项工程人工、材料和机械用量，是一段时间内工程建设生产效率社会平均水平的反映。因每个工程项目情况不同，其设计方案、施工队伍、实际的市场信息、招投标竞争程度等内外条件各不相同，工程造价应当在本地区、企业实际人材机消耗量和市场价格的基础上，结合竞争规则、竞争激烈程度等参考选用与合理调整，不应机械地套用。使用本书消耗量造成的任何造价偏差由当事人自行负责。

本次修订中，各主编单位、参编单位、编制人员和审查人员付出了大量心血，在此一并表示感谢。由于水平所限，本书难免有所疏漏，执行中遇到的问题和反馈意见请及时联系主编单位。

住房和城乡建设部标准定额研究所

2021年11月

总　说　明

一、《通用安装工程消耗量》共分十二册,包括:

第一册　机械设备安装工程

第二册　热力设备安装工程

第三册　静置设备与工艺金属结构制作安装工程

第四册　电气设备与线缆安装工程

第五册　建筑智能化工程

第六册　自动化控制仪表安装工程

第七册　通风空调安装工程

第八册　工业管道安装工程

第九册　消防安装工程

第十册　给排水、采暖、燃气安装工程

第十一册　信息通信设备与线缆安装工程

第十二册　防腐蚀、绝热工程

二、本消耗量适用于工业与民用新建、扩建工程项目中的通用安装工程。

三、本消耗量在《通用安装工程消耗量定额》TY 02-31-2015 基础上,以国家和有关行业发布的现行设计规程或规范、施工及验收规范、技术操作规程、质量评定标准、产品标准和安全操作规程、绿色建造规定、通用施工组织与施工技术等为依据编制。同时参考了有关省市、部委、行业、企业定额,以及典型工程设计、施工和其他资料。

四、本消耗量按照正常施工组织和施工条件,国内大多数施工企业采用的施工方法、机械装备水平、合理的劳动组织及工期进行编制。

1. 设备、材料、成品、半成品、构配件完整无损,符合质量标准和设计要求,附有合格证书和检验、试验合格记录。

2. 安装工程和土建工程之间的交叉作业合理、正常。

3. 正常的气候、地理条件和施工环境。

4. 安装地点、建筑物实体、设备基础、预留孔洞、预留埋件等均符合安装设计要求。

五、关于人工:

1. 本消耗量人工以合计工日表示,分别列出普工、一般技工和高级技工的工日消耗量。

2. 人工消耗量包括基本用工、辅助用工和人工幅度差。

3. 人工每工日按照 8 小时工作制计算。

六、关于材料:

1. 本消耗量材料泛指原材料、成品、半成品,包括施工中主要材料、辅助材料、周转材料和其他材料。本消耗量中以"(×××)"表示的材料为主要材料。

2. 材料用量:

(1)本消耗量中材料用量包括净用量和损耗量。

(2)材料损耗量包括从工地仓库运至安装堆放地点或现场加工地点运至安装地点的搬运损耗、安装操作损耗、安装地点堆放损耗。

(3)材料损耗量不包括场外的运输损失、仓库(含露天堆场)地点或现场加工地点保管损耗、由于材料规格和质量不符合要求而报废的数量;不包括规范、设计文件规定的预留量、搭接量、冗余量。

3. 本消耗量中列出的周转性材料用量是按照不同施工方法、考虑不同工程项目类别、选取不同材料规格综合计算出的摊销量。

4.对于用量少、低值易耗的零星材料,列为其他材料。按照消耗性材料费用比例计算。

七、关于机械:

1.本消耗量施工机械是按照常用机械、合理配备考虑,同时结合施工企业的机械化能力与水平等情况综合确定。

2.本消耗量中的施工机械台班消耗量是按照机械正常施工效率并考虑机械施工适当幅度差综合取定。

3.原单位价值在 2 000 元以内、使用年限在一年以内不构成固定资产的施工机械,不列入机械台班消耗量,其消耗的燃料动力等综合在其他材料费中。

八、关于仪器仪表:

1.本消耗量仪器仪表是按照正常施工组织、施工技术水平考虑,同时结合市场实际情况综合确定。

2.本消耗量中的仪器仪表台班消耗量是按照仪器仪表正常使用率,并考虑必要的检验检测及适当幅度差综合取定。

3.原单位价值在 2 000 元以内、使用年限在一年以内不构成固定资产的仪器仪表,不列入仪器仪表台班消耗量,其消耗的燃料动力等综合在其他材料费中。

九、关于水平运输和垂直运输:

1.水平运输:

(1)水平运输距离是指自现场仓库或指定堆放地点运至安装地点或垂直运输点的距离。本消耗量设备水平运距按照 200m、材料(含成品、半成品)水平运距按照 300m 综合取定,执行消耗量时不做调整。

(2)消耗量未考虑场外运输和场内二次搬运。工程实际发生时应根据有关规定另行计算。

2.垂直运输:

(1)垂直运输基准面为室外地坪。

(2)本消耗量垂直运输按照建筑物层数 6 层以下、建筑高度 20m 以下、地下深度 10m 以内考虑,工程实际超过时,通过计算建筑物超高(深)增加费处理。

十、关于安装操作高度:

1.安装操作基准面一般是指室外地坪或室内各层楼地面地坪。

2.安装操作高度是指安装操作基准面至安装点的垂直高度。本消耗量除各册另有规定者外,安装操作高度综合取定为 6m 以内。工程实际超过时,计算安装操作高度增加费。

十一、关于建筑超高(深)增加费:

1.建筑超高(深)增加费是指在建筑物层数 6 层以上、建筑高度 20m 以上、地下深度 10m 以上的建筑施工时,计算由于建筑超高(深)需要增加的安装费。各册另有规定者除外。

2.建筑超高(深)增加费包括人工降效、使用机械(含仪器仪表、工具用具)降效、延长垂直运输时间等费用。

3.建筑超高(深)增加费,以单位工程(群体建筑以车间或单楼设计为准)全部工程量(含地下、地上部分)为基数,按照系数法计算。系数详见各册说明。

4.单位工程(群体建筑以车间或单楼设计为准)满足建筑高度、建筑物层数、地下深度之一者,应计算建筑超高(深)增加费。

十二、关于脚手架搭拆:

1.本消耗量脚手架搭拆是根据施工组织设计、满足安装需要所采取的安装措施。脚手架搭拆除满足自身安全外,不包括工程项目安全、环保、文明等工作内容。

2.脚手架搭拆综合考虑了不同的结构形式、材质、规模、占用时间等要素,执行消耗量时不做调整。

3.在同一个单位工程内有若干专业安装时,凡符合脚手架搭拆计算规定,应分别计取脚手架搭拆费用。

十三、本消耗量没有考虑施工与生产同时进行、在有害身体健康（防腐蚀工程、检测项目除外）条件下施工时的降效,工程实际发生时根据有关规定另行计算。

十四、本消耗量适用于工程项目施工地点在海拔高度 2 000m 以下施工,超过时按照工程项目所在地区的有关规定执行。

十五、本消耗量中注有"××以内"或"××以下"及"小于"者,均包括××本身;注有"××以外"或"××以上"及"大于"者,则不包括××本身。

说明中未注明（或省略）尺寸单位的宽度、厚度、断面等,均以"mm"为单位。

十六、凡本说明未尽事宜,详见各册说明。

册 说 明

一、第六册《自动化控制仪表安装工程》（以下简称本册）适用于工业自动化仪表安装与试验、环境监测、水处理，不适用于智能建筑自动化和民用建筑。本册内容包括：过程检测仪表，过程控制仪表，机械量监控装置，过程分析及环境监测装置，安全、视频及控制系统，综合自动化系统安装与试验，仪表管路敷设、伴热及脱脂，自动化线路、通信，仪表盘、箱、柜及附件安装，仪表附件制作、安装等。

二、本册编制主要技术依据有：

1.《自动化仪表工程施工及质量验收规范》GB 50093—2013；

2.《石油化工可燃气体和有毒气体检测报警设计标准》GB/T 50493—2019；

3.《全国统一安装工程基础定额》GJD 201~209—2006；

4.《石油化工仪表接地设计规范》SH/T 3081—2019；

5.《石油化工仪表工程施工质量验收规范》SH/T 3551—2013；

6.《自控安装图册》HG/T 21581—2012。

三、本册不包括以下工作内容，发生时执行相应册项目及有关规定：

1. 本册施工内容只限单体试车阶段，不包括无负荷和负荷试车；不包括单体和局部试运转所需水、电、蒸汽、气体、油（脂）、燃料等，以及化学清洗和油清洗及蒸汽吹扫等。

2. 电气配管、支架制作与安装、接地系统，供电电源、UPS执行第四册《电气设备与线缆安装工程》相应项目。

3. 管道上安装流量计、调节阀、电磁阀、节流装置、取源部件等，以及在管道上开孔焊接部件，管道切断、法兰焊接、短管加拆等执行第八册《工业管道安装工程》相应项目。

4. 仪表设备与管路的保温保冷层、防护层安装及相应防水防腐工作执行第十二册《防腐蚀、绝热工程》。

5. 采用焊接的仪表管路、阀门部件等需要无损检测的执行第八册《工业管道安装工程》相应项目。

6. 仪表设备安装，与工艺管道、设备法兰连接所需紧固件（工艺垫片及螺栓螺母等）按随工艺、仪表设备成套供货考虑，现场不符时另外计算。

四、下列费用可按系数分别计取：

1. 脚手架搭拆费按项目人工费的3.5%，其费用中人工费占40%、材料费占53%、机械费占7%。

2. 本册垂直运输综合取定为20m，当工业装置（构筑物）高度超过20m时，应以整个工业装置（构筑物）工程全部工程量的人工费为基数计取建筑超高增加费，系数见下表。

建筑超高增加费系数表

工业装置高度（m）		40	60	80	100	120	140	160	180	200
按照人工费计算（%）		2.2	3.7	5.4	6.9	8.5	10.1	11.7	13.3	14.9
其中	人工费（%）	1.1	1.6	2.2	2.7	3.2	3.8	4.3	4.9	5.4
	机械费（%）	1.1	2.1	3.2	4.2	5.3	6.3	7.4	8.4	9.5

3. 本册安装操作高度综合取定为6m以内。工程实际超过时，计算安装操作高度增加费。安装操作高度增加费按照系数法计算，系数见下表。

安装操作高度增加费系数表

计算基础	高度（m 以内）			备注
	10	30	50	
人工费	0.1	0.2	0.5	安装操作高度大于 50m 时，按照批准后的施工方案确定

4. 铠装电缆终端制作、安装按相应规格电缆终端制作安装项目人工费按 1.10 系数计算。

五、有关说明：

1. 本册人工已包括配合单体试运转的消耗量。

2. 机械台班和仪器使用台班按大多数施工企业的机械化程度和装备综合取定，如实际情况与项目消耗量不一致，不做调整。

目　录

第一章　过程检测仪表

说　明

一、本章内容包括：温度仪表，压力仪表，流量仪表，物位检测仪表，显示记录仪表。

二、本章包括以下工作内容：

技术机具准备、设备领取、搬运、清理、清洗；取源部件的保管、提供、清洗；仪表安装、仪表接头安装、校接线、挂位号牌、单体调试、配合单机试运转、安装调试记录整理；盘装仪表的盘修孔。此外还包括以下工作内容：

1. 温度仪表：

（1）压力式温度计安装、温包安装、毛细管敷设固定、信号整定值和报警试验，变送器安装试验。

（2）安全栅温度变送器带信号转换功能或冷端补偿功能，在机柜中安装；温差／温度变送器的项目按照立柱上安装编制。

（3）油罐平均温度计安装方式采用横插浮动式，包括安装容器内部浮动附件和远传变送器模块盒。

（4）热点探测预警系统的陶瓷插件、夹具（固定卡）、压板等附件安装，随机自带感温电缆、补偿导线安装敷设固定。

（5）带电接点温度计和温度开关整定值和报警试验。

（6）光纤温度计输出 4~20mm 信号和报警试验。

2. 压力仪表：

（1）压力表安装包括取压源部件提供、清洗。

（2）压力变送器在支架上、管道或设备上安装。

（3）纸浆浓度变送器依据静刀式编制，法兰在线连接。

（4）无线压力变送器是在一体的智能化压力检测仪表基础上加入了无线远传模块，可与智能无线接收终端组成压力采集系统。

3. 差压、流量仪表：

（1）流量计安装分为在线流量计和直插法安装流量计。在线安装流量计由仪表专业配合管道专业安装；采用直插法安装的流量计由仪表专业安装，预留孔和法兰焊接由管道专业完成。项目包括成套流量计转换、放大、远传、变送部分安装试验及附件安装。

（2）涡街流量计整套包括漩涡发生体、漩涡检出器、转换器及流量计本体配合安装与试验；旋进式漩涡流量计整套包括传感器和转换器安装试验。

（3）节流装置包括检查椭圆度、同心度、流体流向、正负室位置确定、环室孔板清洗、配合一次安装、配合管道吹扫及吹扫后环室清洗和孔板安装。

（4）孔板阀整套安装包括上下两个阀体和中间一个滑板阀，配合管道安装。

（5）光电流速式流量计的光传感器、光电旋浆式测杆、配套的流速仪整套安装。

（6）质量流量计包括检测元件和转换器安装。

（7）明渠流量计由其他专业配合共同安装、试验。

（8）差压变送器在支架或管道设备上安装。

（9）微型流量计指 DN15 以下采用螺纹连接的，用于精细工程，包括安装和试验。

4. 物位仪表：

（1）浮标液位计包括：浮标架组装、钢丝绳、浮标、滑轮及台架安装。

（2）储罐液体称重仪包括：称重模块（包括称重传感器、负荷传递装置和安装连接件）、钟罩安装、称重显示仪安装、导压管安装试压。

（3）重锤探测料位计包括：执行器、传感器、磁力起动器、滑轮及滑轮支架安装、重锤、钢丝绳支持件安装。

（4）可编程雷达液位计分为带导波管和不带导波管两种形式。整套包括导波管、天线、罐底压力传感器、温度传感器安装及温压补偿系统安装、检查、接线。

（5）钢带液位计包括：变送器安装、平衡锤、保护罩、浮子、钢带、导向管、保护套管安装、调整,试漏。

（6）多功能储罐液位计采用了最新高度集成化的微处理器,可与多点或平均温度计直接连接,实现了高精度液位测量,并允许用户根据不同的应用要求集成或小或大的罐区规模（最多可集成40台罐）,组成多功能罐区测量管理系统。

（7）磁浮子翻板液位计包括：导轨、通管组件、浮子、翻板指示装置（或标尺架及标尺安装）,变送或传感器安装。

（8）光导液位计包括：浮标、信号码带、连接钢带、导向滑轮、平衡锤和光导转换器,罐顶直接安装。

（9）多功能磁致伸缩液位计采用直插入安装方式,包括密封的磁致伸缩传感器、电子转换器、磁浮子、保护管整套安装。

（10）伺服式物位计整套由浮子、钢丝、伺服电机、传动机构、编码器/编程器等组成。

（11）单、双法兰液位变送器包括毛细管敷设固定。

5. 放射性仪表包括：放射源模拟安装、配合安装放射源及保护管安装、试压、闪烁计数器安装、安全防护。

6. 本章过程检测仪表除特别标明之外,均带报警或远传功能,并具有智能功能。

三、本章不包括以下工作内容：

1. 仪表设备支架、支座、安装与制作执行第四册《电气设备与线缆安装工程》金属铁构件制作与安装。

2. 设备开孔、工业管道切断、开孔、法兰焊接、短管制作与安装及焊接。

3. 取源部件配合安装执行本册有关项目,如需自行安装执行第八册《工业管道安装工程》相应项目。

4. 流量计校验装置的准备、流量发生装置的配置、设施及水源准备。随机自带校验仪器仪表的台班费。

5. 明渠流量计只包括仪表本身安装,不包括堰、槽开挖,为测量所用的挡板、静水井、安装用支架,保护（接线）箱、盒等安装。

6. 无信号输出的温度仪表及热电阻（偶）只在常温下对元件进行检测,不进行升温和热电性能试验。

7. 流量计只对转换变送部分调试,不做流量产生、输送校准及标定。

8. 放射性仪表安装中放射源保管搬运的特殊措施、安全监督鉴定、放射剂量的仪器使用、防护用品的采购和使用、施工人员体检和保健。

工程量计算规则

一、本章仪表按"台（件）"计算工程量，但与仪表成套的元件、部件是仪表的一部分，如放大器、过滤器等不能分开另计工程量或重复计算工程量。

二、流量或液位仪表如本体自带现场指示显示仪表，不得另计显示仪表安装与试验。分体式的流量仪表变送部分不得另计安装与试验。

三、仪表在工业设备和管道上的安装孔和一次部件安装，按预留和安装完好考虑，并已合格，包括部件提供、清洗、保管工作，不能另行计算工程量。

四、过程检测仪表安装试验工程量计算不再区分智能和非智能。压力式温度计如带变送器，另外计算工程量。

五、光纤温度计选用接触式安装方式，采用螺纹插座固定，非接触式光纤温度计可执行辐射式比色高温计定额。辐射温度计如带辅助装置，区分轻型或重型另行计算工程量。

六、表面、铠装、多点多对式热电偶（阻）按安装方式不同区分，表面热电偶按每套的支数计算，连续热电偶／寻热热电偶（用于设备表面热点探测报警）按每套有多少探测点计算，铠装热电偶（阻）按每支的长度计算，多点多对按每组有几支温度计计算。

七、连续热电偶／寻热热电偶随机成套的接线箱、温度变送器另行计算。

八、节流装置按"台"或"块"为计量单位。限流孔板安装按同规格节流装置项目乘以系数0.60，按"块"计算工程量。

九、明渠流量计用于给排水渠、废水污水排放管渠，是水流在非满管道流动状态下的流量仪表，按"组"为计量单位。安装明渠流量计所用的堰、槽开挖，挡板、静水井、安装用支架，保护（接线）箱、盒等安装应另计，堰、槽安装执行相应大小的节流装置安装。

十、钢带液位计、储罐液位称重仪、重锤探测料位计、浮标液位计现场安装按"套／台"为计量单位，包括导向管、滑轮、浮子、钢带、钢丝绳、钟罩或台架等，不得分开另行计算。

十一、浮筒液位按安装方式分为外浮筒和内浮筒，如带变送器，另外计算工程量。

十二、多功能储罐液位计按"台"计算工程量，多台（最多可达40台）组成多功能罐区测量管理系统，不再另外计算系统集成的安装调试工程量。

十三、双色磁翻板浮子液位计现场安装，如带变送远传，另计算远传变送器。

十四、伺服式液位计是一种多功效仪表，既能够测量液位也能够测量界面、密度和罐底等参数。按"台"计算工程量。伺服式液位计安装包括微伺服电动机、浮子、细钢丝、磁鼓、磁铁、电磁传感器等。

十五、放射性仪表包括模拟安装放射源、配合有关专业施工人员安装放射源和试验、安全防护，按"套"计算工程量。放射性仪表安装特殊措施费，按施工组织设计另行计算。

一、温 度 仪 表

工作内容：清理、表计试验、校接线、安装、固定、挂牌、取源部件保管、提供、清洗、配合单体试运转。

计量单位：支

编　号			6-1-1	6-1-2	6-1-3	6-1-4	6-1-5
项　目			膨胀式温度计			温度开关	温度控制器
			工业液体温度计	双金属温度计	电接点双金属温度计		
名　称		单位	消　耗　量				
人工	合计工日	工日	0.108	0.122	0.421	0.362	0.303
	其中 普工	工日	0.005	0.006	0.021	0.018	0.015
	一般技工	工日	0.092	0.104	0.358	0.308	0.258
	高级技工	工日	0.011	0.012	0.042	0.036	0.030
材料	插座 带丝堵	套	（1.000）	（1.000）	（1.000）	（1.000）	—
	细白布 宽 900mm	m	—	0.050	0.050	—	—
	位号牌	个	1.000	1.000	1.000	1.000	—
	其他材料费	%	5.00	5.00	5.00	5.00	5.00
仪表	铭牌打印机	台班	0.012	0.012	0.012	0.012	—
	干体式温度校验仪	台班	—	—	0.022	0.017	0.021
	电动综合校验台	台班	—	—	0.022	0.017	0.022
	标准铂电阻温度计	台班	—	—	0.022	0.017	0.021
	手持式万用表	台班	—	—	0.028	0.022	0.026
	对讲机（一对）	台班	—	—	0.034	0.026	0.032

工作内容: 清理、表计试验、校接线、安装、固定、挂牌、取源部件保管、提供、清洗、
配合单体试运转。

计量单位: 台

编　号			6-1-6	6-1-7	6-1-8	6-1-9	6-1-10
项　目			接触式光纤温度计	辐射温度计			
				在线红外线温度计	光电比色温度计	轻型辅助装置	重型辅助装置
名　称		单位	消　耗　量				
人工	合计工日	工日	0.398	0.292	0.280	0.631	1.005
	其中 普工	工日	0.020	0.015	0.014	0.032	0.050
	一般技工	工日	0.338	0.248	0.238	0.536	0.854
	高级技工	工日	0.040	0.029	0.028	0.063	0.101
材料	插座 带丝堵	套	(1.000)	—	—	—	—
	细白布 宽 900mm	m	—	—	—	0.100	0.150
	位号牌	个	1.000	1.000	1.000	1.000	1.000
	接地线 5.5~16.0mm^2	m	—	—	—	1.000	1.000
	其他材料费	%	5.00	5.00	5.00	5.00	5.00
仪表	铭牌打印机	台班	0.012	0.012	0.012	0.012	0.012
	多功能校准仪	台班	0.023	0.021	0.018	—	—
	手持式万用表	台班	0.019	0.018	0.015	—	—
	对讲机(一对)	台班	0.023	0.021	0.018	—	—

工作内容:清理、表计试验、安装、固定、挂牌、取源部件保管、提供、清洗。   计量单位:支

编　号			6-1-11	6-1-12	6-1-13	6-1-14
项　目			压力式温度计(毛细管长 m 以下)			
			2	5	8	12
名　称		单位	消　耗　量			
人工	合计工日	工日	0.554	0.788	1.009	1.302
	其中 普工	工日	0.028	0.039	0.050	0.065
	一般技工	工日	0.471	0.670	0.858	1.107
	高级技工	工日	0.055	0.079	0.101	0.130
材料	插座 带丝堵	套	(1.000)	(1.000)	(1.000)	(1.000)
	固定卡子 1.5×32	个	1.000	1.000	1.000	1.000
	细白布 宽 900mm	m	0.050	0.050	0.100	0.100
	清洗剂 500mL	瓶	0.100	0.100	0.150	0.150
	尼龙扎带(综合)	根	2.000	3.000	4.000	7.000
	位号牌	个	1.000	2.000	2.000	2.000
	其他材料费	%	5.00	5.00	5.00	5.00
仪表	铭牌打印机	台班	0.012	0.024	0.024	0.024

工作内容: 清理、表计试验、校接线、安装、固定、挂牌、取源部件保管、提供、清洗、配合单体试运转。

	编　号		6-1-15	6-1-16	6-1-17	6-1-18
			压力式温度计（毛细管长 m 以下）			压力式温度变送器控制器控制开关
	项　目		15	20	20 以上每增 1	
			支			台
	名　称	单位	消　耗　量			
人工	合计工日	工日	1.523	1.886	0.043	0.496
	其中 普工	工日	0.076	0.094	0.002	0.025
	一般技工	工日	1.295	1.603	0.037	0.421
	高级技工	工日	0.152	0.189	0.004	0.050
材料	插座 带丝堵	套	（1.000）	（1.000）	—	—
	固定卡子 1.5×32	个	1.000	2.000	—	—
	细白布 宽 900mm	m	0.150	0.200	—	—
	清洗剂 500mL	瓶	0.200	0.200	—	—
	尼龙扎带（综合）	根	8.000	12.000	0.500	—
	位号牌	个	2.000	2.000	—	1.000
	其他材料费	%	5.00	5.00	5.00	5.00
仪表	铭牌打印机	台班	0.024	0.024	—	0.012
	干体式温度校验仪	台班	—	—	—	0.057
	电动综合校验台	台班	—	—	—	0.051
	标准铂电阻温度计	台班	—	—	—	0.051
	手持式万用表	台班	—	—	—	0.029
	对讲机（一对）	台班	—	—	—	0.029

工作内容: 清理、表计检查、校接线、安装、固定、挂牌、取源部件保管、提供、清洗、
配合单体试运转。

计量单位: 支

编　号			6-1-19	6-1-20	6-1-21	6-1-22	6-1-23
项　目			热电偶(阻)				
			普通式	耐磨式	吹气式	油罐平均温度计	室内固定式
名　称		单位	消　耗　量				
人工	合计工日		工日	0.271	0.308	0.589	1.449	0.262
	其中	普工	工日	0.014	0.015	0.029	0.072	0.013
		一般技工	工日	0.230	0.262	0.501	1.232	0.223
		高级技工	工日	0.027	0.031	0.059	0.145	0.026
材料	插座 带丝堵		套	(1.000)	(1.000)	(1.000)	—	—
	附件		套	—	—	—	(3.000)	—
	仪表接头		套	—	—	(2.000)	—	—
	细白布 宽900mm		m	—	0.050	0.100	0.150	0.050
	位号牌		个	1.000	1.000	1.000	1.000	1.000
	聚四氟乙烯生料带		m	—	—	0.400	—	—
	其他材料费		%	5.00	5.00	5.00	5.00	5.00
仪表	铭牌打印机		台班	0.012	0.012	0.012	0.012	0.012
	多功能校验仪		台班	0.003	0.003	0.007	0.016	0.003
	手持式万用表		台班	0.008	0.009	0.017	0.041	0.007
	对讲机(一对)		台班	0.003	0.003	0.007	0.016	0.003

工作内容：清理、表计检查、校接线、安装、固定、挂牌、取源部件保管、提供、
　　　　　清洗、配合单体试运转。

计量单位：支/组

编　号			6-1-24	6-1-25	6-1-26	6-1-27	6-1-28	6-1-29
项　目			热电偶（阻）多点多对式（支/组以下）					
			双支	3	6	9	12	每增1支
名　称		单位	消　耗　量					
人工	合计工日	工日	0.416	0.549	0.954	1.377	1.797	0.126
	其中 普工	工日	0.021	0.027	0.048	0.069	0.090	0.006
	一般技工	工日	0.353	0.467	0.811	1.170	1.527	0.107
	高级技工	工日	0.042	0.055	0.095	0.138	0.180	0.013
材料	插座 带丝堵	套	（1.000）	（1.000）	（1.000）	（1.000）	（1.000）	—
	细白布 宽900mm	m	0.050	0.060	0.080	0.100	0.100	0.010
	位号牌	个	1.000	1.000	1.000	1.000	1.000	—
	其他材料费	%	5.00	5.00	5.00	5.00	5.00	5.00
仪表	铭牌打印机	台班	0.012	0.012	0.012	0.012	0.012	—
	多功能校验仪	台班	0.005	0.006	0.011	0.016	0.020	0.001
	手持式万用表	台班	0.012	0.016	0.027	0.039	0.051	0.004
	对讲机（一对）	台班	0.006	0.008	0.013	0.019	0.025	0.002

工作内容: 清理、表计检查、校接线、安装、固定、挂牌、取源部件保管、提供、清洗、
配合单体试运转。

计量单位:支

编　号			6-1-30	6-1-31	6-1-32	6-1-33	6-1-34	6-1-35	6-1-36	6-1-37
项　目			铠装热电偶(阻)(长度 m 以下)							
			2	5	10	15	20	30	50	50以上每增1
名　称		单位	消　耗　量							
人工	合计工日	工日	0.258	0.398	0.573	0.713	0.981	1.239	1.777	0.054
	其中 普工	工日	0.013	0.020	0.029	0.036	0.049	0.062	0.089	0.003
	一般技工	工日	0.219	0.338	0.487	0.606	0.834	1.053	1.510	0.046
	高级技工	工日	0.026	0.040	0.057	0.071	0.098	0.124	0.178	0.005
材料	插座 带丝堵	套	(1.000)	(1.000)	(1.000)	(1.000)	(1.000)	(1.000)	(1.000)	—
	镀锌管卡子 3×15	个	2.000	4.000	7.000	10.000	15.000	22.000	38.000	0.800
	细白布 宽 900mm	m	0.050	0.050	0.070	0.085	0.100	0.150	0.200	0.010
	位号牌	个	1.000	1.000	1.000	1.000	1.000	1.000	1.000	—
	其他材料费	%	5.00	5.00	5.00	5.00	5.00	5.00	5.00	5.00
仪表	铭牌打印机	台班	0.012	0.012	0.012	0.012	0.012	0.012	0.012	—
	多功能信号校验仪	台班	0.003	0.004	0.006	0.008	0.011	0.014	0.020	—
	手持式万用表	台班	0.007	0.011	0.016	0.020	0.028	0.035	0.050	—
	对讲机(一对)	台班	0.003	0.004	0.006	0.008	0.011	0.014	0.020	—

工作内容: 清理、表计检查、本体及附件安装、焊接支撑点、固定、清理、挂牌、配合单体试运转。

计量单位: 支／套

编　号		6-1-38	6-1-39	6-1-40	6-1-41	6-1-42	6-1-43	6-1-44
项　目		表面温度计（支／套以下）		连续热电偶／寻热热电偶（点／套以下）				
		1	6	12	24	36	48	60
名　称	单位	消　耗　量						
人工 合计工日	工日	0.243	2.037	7.575	19.423	23.726	32.294	39.897
人工 其中 普工	工日	0.012	0.102	0.379	0.971	1.186	1.615	1.995
人工 其中 一般技工	工日	0.207	1.731	6.439	16.510	20.167	27.450	33.912
人工 其中 高级技工	工日	0.024	0.204	0.757	1.942	2.373	3.229	3.990
材料 附件	套	—	（6.000）	（12.000）	（24.000）	（36.000）	（48.000）	（60.000）
材料 感温探测器补偿导线	m	—	—	（576.000）	（1 152.000）	（1 728.000）	（2 304.000）	（2 880.000）
材料 接线铜端子头	个	—	—	48.000	96.000	144.000	192.000	240.000
材料 耐高温铝箔玻璃纤维带 50m／卷	卷			4.752	9.504	14.256	19.008	23.760
材料 细白布 宽 900mm	m	0.050	0.100	0.100	0.200	0.500	1.000	1.500
材料 低碳钢焊条 J427 φ2.5~3.2	kg	—	—	0.330	0.605	0.778	1.037	1.296
材料 尼龙扎带（综合）	根			24.000	48.000	72.000	96.000	120.000
材料 塑料胶带	m	0.300	0.700	1.000	3.000	4.000	4.500	5.000
材料 位号牌	个	1.000	6.000	12.000	24.000	36.000	48.000	60.000
材料 其他材料费	%	5.00	5.00	5.00	5.00	5.00	5.00	5.00
机械 弧焊机 20kV·A	台班	—	—	0.202	0.437	0.562	0.749	0.936
仪表 铭牌打印机	台班	0.012	0.072	0.148	0.270	0.377	0.470	0.549
仪表 多功能校验仪	台班	0.002	0.017	0.125	0.323	0.394	0.536	0.663
仪表 手持式万用表	台班	0.007	0.057	0.209	0.538	0.657	0.894	1.104
仪表 对讲机（一对）	台班	0.003	0.023	0.737	1.901	2.320	3.159	3.901

工作内容: 清理、表计试验、校接线、安装、固定、挂牌、取源部件保管、提供、清洗、
配合单体试运转。

计量单位:台

编　号			6-1-45	6-1-46	6-1-47	6-1-48
项　目			安全栅温度变送器	温差/温度变送器	一体化温度变送器	无线温湿度变送器
名　称		单位	消　耗　量			
人工	合计工日	工日	0.132	1.239	1.216	2.011
	其中 普工	工日	0.007	0.062	0.061	0.101
	其中 一般技工	工日	0.112	1.053	1.033	1.709
	其中 高级技工	工日	0.013	0.124	0.122	0.201
材料	插座 带丝堵	套	—	(1.000)	(1.000)	(1.000)
	细白布 宽 900mm	m	—	—	0.070	—
	位号牌	个	—	1.000	1.000	1.000
	其他材料费	%	5.00	5.00	5.00	5.00
仪表	铭牌打印机	台班	—	0.012	0.012	0.012
	多功能校验仪	台班	0.011	—	0.247	0.363
	手持式万用表	台班	—	0.212	0.212	—
	干体式温度校验仪	台班	—	0.096	0.096	—
	标准铂电阻温度计	台班	—	0.096	0.096	—
	精密交直流稳压电源	台班	—	0.096	0.096	—
	多功能信号校验仪	台班	—	0.212	—	—
	数字温度计	台班	—	0.032	—	—
	笔记本电脑	台班	—	—	—	0.231
	对讲机(一对)	台班	0.021	0.142	0.141	0.208

二、压 力 仪 表

工作内容: 清理、表计试验、校接线、安装、固定、挂牌、取源部件保管、提供、
清洗、配合单体试运转。

计量单位:台(块)

编　号			6-1-49	6-1-50	6-1-51	6-1-52
项　目			压力表		压力记录仪	远传指示压力表
			就地	盘装		
名　称		单位	消　耗　量			
人工	合计工日	工日	0.248	0.289	0.386	0.467
	其中 普工	工日	0.012	0.014	0.019	0.023
	一般技工	工日	0.211	0.246	0.328	0.397
	高级技工	工日	0.025	0.029	0.039	0.047
材料	取源部件	套	(1.000)	(1.000)	(1.000)	(1.000)
	仪表接头	套	(1.000)	(1.000)	(1.000)	(1.000)
	固定卡子 1.5×32	个	—	—	—	1.000
	细白布 宽 900mm	m	0.010	0.010	0.020	0.020
	位号牌	个	1.000	—	1.000	1.000
	其他材料费	%	5.00	5.00	5.00	5.00
仪表	铭牌打印机	台班	0.012	—	0.012	0.012
	便携式电动泵压力校验仪	台班	—	—	0.053	0.097
	电动综合校验台	台班	—	—	0.020	0.036
	标准压力发生器	台班	0.004	0.004	0.006	0.011
	精密交直流稳压电源	台班	—	—	0.020	0.036
	手持式万用表	台班	—	—	0.020	0.036
	对讲机(一对)	台班	—	—	—	0.036

工作内容：清理、表计试验、校接线、安装、固定、挂牌、取源部件保管、提供、清洗、
配合单体试运转。

计量单位：台（块）

编　号			6-1-53	6-1-54	6-1-55	6-1-56	6-1-57
项　目			电接点压力表	膜盒微压计	压力开关	光电编码压力表	隔膜压力表
名　称		单位	消 耗 量				
人工	合计工日	工日	0.467	0.458	0.412	0.762	0.458
	其中 普工	工日	0.023	0.023	0.021	0.038	0.023
	一般技工	工日	0.397	0.389	0.350	0.648	0.389
	高级技工	工日	0.047	0.046	0.041	0.076	0.046
材料	取源部件	套	（1.000）	（1.000）	（1.000）	（1.000）	（1.000）
	仪表接头	套	（1.000）	（1.000）	（1.000）	（1.000）	（1.000）
	固定卡子 1.5×32	个	1.000	1.000	1.000	1.000	—
	细白布 宽 900mm	m	0.050	0.050	0.050	0.050	0.050
	位号牌	个	1.000	1.000	1.000	1.000	1.000
	其他材料费	%	5.00	5.00	5.00	5.00	5.00
仪表	铭牌打印机	台班	0.012	0.012	0.012	0.012	0.012
	便携式电动泵压力校验仪	台班	0.107	—	0.080	0.193	0.072
	气动综合校验台	台班	—	0.072	—	—	—
	电动综合校验台	台班	—	—	—	0.066	—
	标准压力发生器	台班	0.011	—	0.008	—	0.007
	精密交直流稳压电源	台班	0.033	—	0.024	0.060	—
	多功能信号校验仪	台班	0.033	—	0.024	0.060	—
	手持式万用表	台班	0.055	—	0.040	0.100	—
	数字压力表	台班	—	—	—	0.060	—
	对讲机（一对）	台班	0.040	—	0.030	0.072	—

工作内容: 清理、表计试验、校接线、安装、固定、挂牌、取源部件保管、提供、清洗、
配合单体试运转。

计量单位:台

编　　号				6-1-58	6-1-59	6-1-60
项　　目				压力变送器	纸浆浓度变送器	无线压力变送器
名　　称			单位	消　耗　量		
人工	合计工日		工日	1.239	1.309	1.917
	其中	普工	工日	0.062	0.065	0.096
		一般技工	工日	1.053	1.113	1.629
		高级技工	工日	0.124	0.131	0.192
材料	取源部件		套	（1.000）	—	（1.000）
	仪表接头		套	（1.000）	—	（1.000）
	聚四氟乙烯生料带		m	0.850	—	0.850
	细白布 宽 900mm		m	—	0.100	—
	位号牌		个	1.000	1.000	1.000
	其他材料费		%	5.00	5.00	5.00
仪表	铭牌打印机		台班	0.012	0.012	0.012
	便携式电动泵压力校验仪		台班	0.142	—	—
	电动综合校验台		台班	0.096	—	—
	精密交直流稳压电源		台班	0.096	—	—
	手持式万用表		台班	0.212	0.247	—
	智能数字压力校验仪		台班	0.142	—	—
	多功能校验仪		台班	0.248	0.288	0.284
	笔记本电脑		台班	—	—	0.176
	对讲机（一对）		台班	0.142	0.164	0.162

三、流 量 仪 表

1. 流量、差压仪表

工作内容：清理、表计试验、校接线、安装或配合安装、固定、挂牌、取源部件保管、
提供、清洗、配合单体试运转。

计量单位：台

编　　号			6-1-61	6-1-62	6-1-63	6-1-64	6-1-65	6-1-66
项　　目			转子流量计		椭圆齿轮流量计		电磁流量计	
			就地指示	电远传式	就地指示	电远传式	在线式	插入式
名　　称		单位	消　耗　量					
人工	合计工日		工日	0.222	0.853	1.099	1.694	2.080	2.957
	其中	普工	工日	0.011	0.043	0.055	0.085	0.104	0.148
		一般技工	工日	0.189	0.725	0.934	1.440	1.768	2.513
		高级技工	工日	0.022	0.085	0.110	0.169	0.208	0.296
材料	清洗剂 500mL		瓶	0.100	0.100	0.300	0.300	0.100	0.400
	细白布 宽 900mm		m	0.100	0.100	0.200	0.200	0.100	0.100
	接地线 5.5~16.0mm^2		m	—	—	1.000	1.000	1.000	1.000
	位号牌		个	1.000	1.000	1.000	1.000	1.000	1.000
	其他材料费		%	5.00	5.00	5.00	5.00	5.00	5.00
机械	载货汽车 – 普通货车 4t		台班	0.010	0.010	0.021	0.023	0.025	0.042
仪表	铭牌打印机		台班	0.012	0.012	0.012	0.012	0.012	0.012
	多功能信号校验仪		台班	—	0.073	—	—	—	—
	多功能校验仪		台班	—	—	—	0.157	0.246	0.261
	手持式万用表		台班	—	0.081	—	0.131	0.205	0.218
	数字电压表		台班	—	—	—	0.105	0.164	0.174
	兆欧表		台班	—	0.030	—	0.030	0.030	0.030
	接地电阻测试仪		台班	—	—	0.050	0.050	0.050	0.050
	对讲机（一对）		台班	—	0.065	—	0.105	0.164	0.174

工作内容: 清理、表计试验、校接线、安装或配合安装、固定、挂牌、取源部件保管、提供、清洗、配合单体试运转。

计量单位:台

编　号				6-1-67	6-1-68	6-1-69	6-1-70	6-1-71	6-1-72	6-1-73
项　目				涡街流量计	旋进漩涡流量计	涡轮流量计	楔式流量计	内藏孔板流量计		温压补偿流量计
								就地积算型	电远传变送型	
名　称			单位	消　耗　量						
人工	合计工日		工日	2.080	2.513	2.243	2.489	1.145	1.519	1.812
	其中	普工	工日	0.104	0.126	0.112	0.124	0.057	0.076	0.091
		一般技工	工日	1.768	2.136	1.907	2.116	0.973	1.291	1.540
		高级技工	工日	0.208	0.251	0.224	0.249	0.115	0.152	0.181
材料	仪表接头		套	—	—	—	(2.000)	—	—	—
	清洗剂 500mL		瓶	0.100	0.100	0.400	0.400	0.500	0.500	0.300
	细白布 宽 900mm		m	0.100	0.100	0.100	0.100	0.100	0.100	0.100
	接地线 5.5~16.0mm^2		m	1.000	1.000	1.000	1.000	1.000	1.000	1.000
	位号牌		个	1.000	1.000	1.000	1.000	1.000	1.000	1.000
	其他材料费		%	5.00	5.00	5.00	5.00	5.00	5.00	5.00
机械	载货汽车 – 普通货车 4t		台班	0.041	0.052	0.051	0.062	0.036	0.037	0.040
仪表	铭牌打印机		台班	0.012	0.012	0.012	0.012	0.012	0.012	0.012
	多功能信号校验仪		台班	—	—	—	—	0.013	0.079	0.124
	多功能校验仪		台班	0.253	0.283	0.210	0.184	—	—	—
	手持式万用表		台班	0.253	0.236	0.175	0.153	0.016	0.098	0.155
	数字电压表		台班	0.127	0.142	0.105	0.092	—	0.059	0.093
	兆欧表		台班	0.030	0.030	0.030	—	0.030	0.030	0.030
	接地电阻测试仪		台班	0.050	0.050	0.050	0.050	—	—	—
	对讲机(一对)		台班	0.253	0.283	0.210	0.184	—	0.118	0.186

工作内容: 清理、表计试验、校接线、配合安装、固定、挂牌、取源部件保管、提供、清洗、
配合单体试运转、核辐射仪表安全保护。　　　　　　　　　　　　　　　　计量单位:台

	编　号		6-1-74	6-1-75	6-1-76	6-1-77	6-1-78	6-1-79	6-1-80
	项　目		振荡球流量计	冲量式/圆盘流量计	毕托管流量计	均速管流量计	靶式流量计变送器现场显示	靶式流量计变送器带电变送传送	核辐射流量计
	名　称	单位				消　耗　量			
人工	合计工日	工日	1.835	1.682	1.262	1.122	0.912	1.438	5.609
	其中 普工	工日	0.092	0.084	0.063	0.056	0.046	0.072	0.280
	一般技工	工日	1.560	1.430	1.073	0.954	0.775	1.222	4.768
	高级技工	工日	0.183	0.168	0.126	0.112	0.091	0.144	0.561
材料	插座 带丝堵	套	—	—	(1.000)	—	—	—	—
	仪表接头	套	—	—	(2.000)	(2.000)	—	—	—
	警告牌	个	—	—	—	—	—	—	(1.000)
	清洗剂 500mL	瓶	0.200	0.200	0.200	0.300	0.200	0.200	0.200
	细白布 宽 900mm	m	0.100	0.100	0.100	0.100	0.100	0.100	0.100
	铜芯塑料绝缘电线 BV-1.5mm^2	m	3.000						
	接地线 5.5~16.0mm^2	m	1.000	1.000	1.000	1.000	1.000	1.000	1.000
	位号牌	个	1.000	1.000	1.000	1.000	1.000	1.000	1.000
	其他材料费	%	5.00	5.00	5.00	5.00	5.00	5.00	5.00
机械	载货汽车-普通货车 4t	台班	0.043	0.039	0.031	0.020	0.021	0.025	0.025
仪表	铭牌打印机	台班	0.012	0.012	0.012	0.012	0.012	0.012	0.012
	多功能信号校验仪	台班	—	0.103	0.067	0.065	—	0.155	—
	多功能校验仪	台班	0.160	—	—	—	—	—	0.323
	手持式万用表	台班	0.133	0.128	0.084	0.065	0.020	0.089	0.152
	数字电压表	台班	0.080	0.077	0.050	0.033	—	0.044	—
	接地电阻测试仪	台班	0.050	0.050	0.050	0.050	0.050	0.050	0.050
	兆欧表	台班	0.030	0.030	—	—	—	—	0.030
	对讲机(一对)	台班	0.160	0.154	0.101	0.098	—	0.133	0.538

工作内容: 清理、表计试验、校接线、配合安装、固定、挂牌、取源部件保管、提供、
清洗、配合单体试运转。

计量单位:台/组

编　号			6-1-81	6-1-82	6-1-83	6-1-84	6-1-85	6-1-86	6-1-87
项　目			平衡调整式流量计	质量流量计			明渠流量计（组）		
				在线式	热式	插入式	堰槽液位法	潜水电磁法	流速－水位法
名　称		单位	消　耗　量						
人工	合计工日	工日	1.682	1.917	1.952	2.314	4.920	4.368	5.025
	其中 普工	工日	0.084	0.096	0.098	0.116	0.246	0.218	0.251
	一般技工	工日	1.430	1.629	1.659	1.967	4.182	3.713	4.271
	高级技工	工日	0.168	0.192	0.195	0.231	0.492	0.437	0.503
材料	插座 带丝堵	套	—	—	—	（1.000）	—	—	—
	仪表接头	套	—	—	—	—	（1.000）	—	—
	清洗剂 500mL	瓶	0.300	0.200	0.200	0.200	0.300	0.300	0.300
	细白布 宽 900mm	m	0.100	0.200	0.200	0.200	0.200	0.200	0.300
	铜芯塑料绝缘电线 BV-1.5mm^2	m	—	—	1.500	—	—	—	—
	接地线 5.5~16.0mm^2	m	1.000	1.000	1.000	1.000	1.000	1.000	2.000
	位号牌	个	1.000	1.000	1.000	1.000	1.000	1.000	2.000
	其他材料费	%	5.00	5.00	5.00	5.00	5.00	5.00	5.00
机械	载货汽车－普通货车 4t	台班	0.027	0.018	0.018	0.024	0.062	0.054	0.067
仪表	铭牌打印机	台班	0.012	0.012	0.012	0.012	0.012	0.012	0.024
	多功能信号校验仪	台班	0.180	—	—	—	0.404	0.364	—
	多功能校验仪	台班	—	0.209	0.217	0.214	—	—	0.340
	手持式万用表	台班	0.101	0.145	0.152	0.145	0.404	0.364	0.340
	数字电压表	台班	0.060	0.109	0.114	0.109	0.140	0.127	0.111
	接地电阻测试仪	台班	0.050	0.050	0.050	0.050	0.050	0.050	0.050
	兆欧表	台班	—	—	—	—	—	0.030	—
	对讲机（一对）	台班	0.180	0.250	0.261	0.257	0.404	0.364	0.340

工作内容:清理、表计试验、校接线、配合安装、固定、挂牌、取源部件保管、提供、
清洗、配合单体试运转。

计量单位:台

		编　　号		6-1-88	6-1-89	6-1-90	6-1-91	6-1-92	6-1-93	6-1-94
		项　　目		电容式流量计	超声波流量计	光电流速测量仪	锥管流量计	弯管流量计	刮板流量计	微型流量计
		名　　称	单位	消　　耗　　量						
人工		合计工日	工日	1.087	1.309	2.103	1.952	2.664	1.438	0.246
	其中	普工	工日	0.054	0.065	0.105	0.098	0.133	0.072	0.012
		一般技工	工日	0.924	1.113	1.788	1.659	2.265	1.222	0.209
		高级技工	工日	0.109	0.131	0.210	0.195	0.266	0.144	0.025
材料		插座 带丝堵	套	(1.000)	—	—	—	—	—	—
		仪表接头	套	—	—	—	(2.000)	(4.000)	—	(2.000)
		清洗剂 500mL	瓶	0.100	0.100	0.100	0.100	0.100	0.100	0.100
		细白布 宽 900mm	m	0.200	0.200	0.100	0.200	0.200	0.200	0.100
		铜芯塑料绝缘电线 BV-1.5mm^2	m	—	—	1.000	—	—	—	—
		接地线 5.5~16.0mm^2	m	1.000	1.000	1.000	—	—	1.000	1.000
		位号牌	个	1.000	1.000	1.000	1.000	1.000	1.000	1.000
		其他材料费	%	5.00	5.00	5.00	5.00	5.00	5.00	—
机械		载货汽车–普通货车 4t	台班	0.009	0.014	0.025	0.019	0.030	0.015	—
仪表		铭牌打印机	台班	0.012	0.012	0.012	0.012	0.012	0.012	0.012
		多功能信号校验仪	台班	—	—	—	0.241	0.263	0.166	—
		多功能校验仪	台班	0.185	0.149	0.187	—	—	—	0.036
		手持式万用表	台班	0.185	0.149	0.125	0.161	0.175	0.111	—
		对讲机(一对)	台班	0.185	0.149	0.156	0.201	0.219	0.139	—

工作内容：清理、表计试验、校接线、配合安装、固定、挂牌、取源部件保管、提供、清洗、配合单体试运转。

计量单位：台

编　号			6-1-95	6-1-96	6-1-97	6-1-98	6-1-99
项　目			差压接受仪表		差压变送器	多路流量仪	流量开关
			就地指示或记录型	电远传型			
名　称		单位	消耗量				
人工	合计工日	工日	0.476	0.789	1.542	1.589	0.654
	其中 一般技工	工日	0.024	0.039	0.077	0.079	0.033
	普工	工日	0.404	0.671	1.311	1.351	0.556
	高级技工	工日	0.048	0.079	0.154	0.159	0.065
材料	取源部件	套	—	—	（2.000）	—	（1.000）
	仪表接头	套	（2.000）	（2.000）	（2.000）	—	（1.000）
	聚四氟乙烯生料带	m	1.700	1.700	1.700		1.700
	清洗剂 500mL	瓶	0.100	0.100	0.100	0.100	0.100
	细白布 宽 900mm	m	0.200	0.200	0.200	0.200	0.200
	接地线 5.5~16.0mm²	m	1.000	1.000	—		1.000
	位号牌	个	1.000	1.000	1.000		1.000
	其他材料费	%	5.00	5.00	5.00	5.00	5.00
仪表	铭牌打印机	台班	0.012	0.012	0.012		0.012
	多功能信号校验仪	台班	—	0.214	—	—	0.169
	多功能校验仪	台班	—	—	0.323	0.332	—
	精密交直流稳压电源	台班	0.011	0.056	0.125	0.172	
	手持式万用表	台班	0.016	0.065	0.277	0.190	0.056
	标准差压发生器 PASHEN	台班	—	—	—	—	0.040
	电动综合校验台	台班	0.030	0.042	0.125	—	0.185
	便携式电动泵压力校验仪	台班			0.185		
	智能数字压力校验仪	台班	—		0.185	—	—
	对讲机（一对）	台班	—	0.081	0.185	0.284	0.070

2.节 流 装 置

工作内容:清理、清洗、检查、配合安装、配合吹扫、吹扫后的二次清理和二次安装、挂牌。

计量单位:台(块)

编　号			6-1-100	6-1-101	6-1-102	6-1-103	6-1-104
项　目			节流装置(公称直径 mm 以内)				
			100	300	600	1 000	1 000 以上
名　称		单位	消　耗　量				
人工	合计工日	工日	0.401	0.507	1.051	2.215	2.757
	其中 普工	工日	0.020	0.025	0.053	0.111	0.138
	一般技工	工日	0.341	0.431	0.893	1.883	2.343
	高级技工	工日	0.040	0.051	0.105	0.221	0.276
材料	细白布 宽 900mm	m	0.100	0.100	0.150	0.220	0.280
	清洗剂 500mL	瓶	0.080	0.150	0.200	0.600	0.700
	位号牌	个	1.000	1.000	1.000	1.000	1.000
	其他材料费	%	5.00	5.00	5.00	5.00	5.00
机械	载货汽车–普通货车 4t	台班	—	—	0.010	—	—
	载货汽车–普通货车 8t	台班	—	—	—	0.020	0.020
	汽车式起重机 16t	台班	—	—	—	0.020	0.020
仪表	铭牌打印机	台班	0.012	0.012	0.012	0.012	0.012

工作内容: 清理、清洗、检查、配合安装、配合吹扫、吹扫后的二次清理和二次安装、挂牌。

计量单位:台(块)

编 号			6-1-105	6-1-106	6-1-107	6-1-108	6-1-109
项 目			文丘里管（DN600mm 以上）	插入式双文丘管（公称直径 mm 以内）			孔板阀
				500	2 000	4 000	
名 称		单位	消 耗 量				
人工	合计工日	工日	2.282	1.401	2.012	2.432	1.147
	其中 普工	工日	0.114	0.070	0.101	0.122	0.057
	一般技工	工日	1.940	1.191	1.710	2.067	0.975
	高级技工	工日	0.228	0.140	0.201	0.243	0.115
材料	细白布 宽 900mm	m	0.200	0.150	0.200	0.300	0.200
	清洗剂 500mL	瓶	0.400	0.300	0.400	0.400	0.300
	位号牌	个	1.000	1.000	1.000	1.000	1.000
	其他材料费	%	5.00	5.00	5.00	5.00	5.00
机械	载货汽车-普通货车 8t	台班	0.030	0.050	0.100	0.150	0.150
	汽车式起重机 16t	台班	0.030	—	—	—	—
	汽车式起重机 25t	台班	—	0.040	0.100	0.150	0.150
仪表	铭牌打印机	台班	0.012	0.012	0.012	0.012	0.012

四、物位检测仪表

工作内容:设备清理、上接头、安装、挂牌。 计量单位:台

编　号			6-1-110	6-1-111	6-1-112	6-1-113
项　目			直读玻璃管（板）液位计管（板）（mm）			
			500 以下	1 100 以下	1 700 以下	1 700 以上
名　称		单位	消　耗　量			
人工	合计工日	工日	0.507	0.749	0.816	0.948
	其中 普工	工日	0.025	0.037	0.041	0.047
	一般技工	工日	0.431	0.637	0.693	0.806
	高级技工	工日	0.051	0.075	0.082	0.095
材料	清洗剂 500mL	瓶	0.100	0.200	0.200	0.200
	细白布 宽 900mm	m	0.200	0.300	0.300	0.300
	酒精	kg	0.100	0.100	0.100	0.100
	位号牌	个	1.000	1.000	1.000	1.000
	其他材料费	%	5.00	5.00	5.00	5.00
机械	载货汽车–普通货车 4t	台班	0.010	0.010	0.015	0.020
仪表	铭牌打印机	台班	0.012	0.012	0.012	0.012

工作内容: 设备清理、上接头、安装、表计固定、校接线、单体试验、配合单体试运转、
挂牌。

计量单位: 台

编　号			6-1-114	6-1-115	6-1-116	6-1-117	6-1-118	6-1-119	6-1-120
项　目			磁翻板浮子液位计现场就地安装 (测量范围 m)						远传变送器
			1 以下	3 以下	6 以下	10 以下	16 以下	16 以上每增 1	
名　称		单位	消　耗　量						
人工	合计工日	工日	1.099	1.519	2.011	2.431	3.296	0.117	0.981
	其中 普工	工日	0.055	0.076	0.101	0.122	0.165	0.006	0.049
	一般技工	工日	0.934	1.291	1.709	2.066	2.801	0.099	0.834
	高级技工	工日	0.110	0.152	0.201	0.243	0.330	0.012	0.098
材料	清洗剂 500mL	瓶	0.200	0.200	0.300	0.400	0.500	0.030	0.100
	细白布 宽 900mm	m	0.200	0.200	0.300	0.300	0.300	0.020	0.100
	酒精	kg	0.100	0.200	0.300	0.350	0.400	—	—
	位号牌	个	1.000	1.000	1.000	1.000	1.000	—	1.000
	接地线 5.5~16.0mm^2	m	1.000	1.000	1.000	1.000	1.000	—	—
	其他材料费	%	5.00	5.00	5.00	5.00	5.00	5.00	5.00
机械	汽车式起重机 25t	台班	—	—	—	0.100	0.150	—	—
	载货汽车 – 普通货车 4t	台班	0.015	0.020	0.060	0.080	0.100	0.005	0.010
仪表	铭牌打印机	台班	0.012	0.012	0.012	0.012	0.012	—	0.012
	多功能信号校验仪	台班	—	—	—	—	—	—	0.243
	手持式万用表	台班	—	—	—	—	—	—	0.347
	对讲机 (一对)	台班	—	—	—	—	—	—	0.139

工作内容：设备清理、上接头、安装、表计固定、校接线、单体试验、配合单体试运转，挂牌。

计量单位：台

编　号			6-1-121	6-1-122	6-1-123	6-1-124	6-1-125	6-1-126
项　目			浮标（子）液位计	浮球液位控制器/液位开关	光电式液位开关	音叉物位开关	雷达液位计	
							带导波管	不带导波管
名　称		单位	消　耗　量					
人工	合计工日	工日	1.298	0.549	0.794	0.678	3.961	3.003
	其中　普工	工日	0.065	0.027	0.040	0.034	0.198	0.150
	一般技工	工日	1.103	0.467	0.675	0.576	3.367	2.553
	高级技工	工日	0.130	0.055	0.079	0.068	0.396	0.300
材料	清洗剂 500mL	瓶	0.200	0.100	0.200	0.100	0.200	0.200
	细白布 宽 900mm	m	0.200	0.100	0.200	0.100	0.250	0.250
	铜芯塑料绝缘电线 BV-1.5mm²	m	—	—	—	—	1.000	1.000
	接地线 5.5~16.0mm²	m	1.000	1.000	1.000	1.000	1.000	1.000
	位号牌	个	1.000	1.000	1.000	1.000	1.000	1.000
	其他材料费	%	5.00	5.00	5.00	5.00	5.00	5.00
机械	载货汽车–普通货车 4t	台班	—	—	—	—	0.080	0.060
仪表	铭牌打印机	台班	0.012	0.012	0.012	0.012	0.012	0.012
	精密交直流稳压电源	台班		0.020				
	多功能信号校验仪	台班	0.058	0.039	—	0.046	—	—
	多功能校验仪	台班	—	—	0.070	—	0.321	0.302
	数字电压表	台班	—	—	—	0.038	—	—
	手持式万用表	台班	—	0.065	0.099	0.096	0.458	0.431
	编程器	台班	—	—	—	—	0.321	0.302
	接地电阻测试仪	台班	—	0.050			0.050	0.050
	兆欧表	台班	—	—		0.030	0.030	0.030
	对讲机（一对）	台班	0.058	0.039	0.060	0.058	0.275	0.259

工作内容：设备清理、上接头、安装、表计固定、校接线、单体试验、配合单体试运转、挂牌。

计量单位：台

编　号		6-1-127	6-1-128	6-1-129	6-1-130	6-1-131	6-1-132
项　目		钢带液位计			浮筒液位计		浮筒液位计
		现场指示积算	电变送远传	光电变送远传	现场指示		浮筒液位变送器
					外浮筒	内浮筒	
名　称	单位	消　耗　量					
人工 合计工日	工日	4.956	6.123	6.206	1.637	0.935	0.818
其中 普工	工日	0.248	0.306	0.310	0.082	0.047	0.041
一般技工	工日	4.212	5.205	5.275	1.391	0.795	0.695
高级技工	工日	0.496	0.612	0.621	0.164	0.093	0.082
材料 钢管	m	(20.000)	(20.000)	(20.000)	—	—	—
镀锌钢管卡子 DN100	个	5.000	5.000	5.000	—	—	—
清洗剂 500mL	瓶	0.400	0.400	0.400	0.200	0.100	0.100
细白布 宽 900mm	m	0.200	0.200	0.200	0.100	0.050	0.050
铜芯塑料绝缘电线 BV-1.5mm²	m	—	1.000	1.000	—	—	1.000
接地线 5.5~16.0mm²	m	1.000	1.000	1.000	—	—	—
位号牌	个	2.000	2.000	2.000	1.000	1.000	—
其他材料费	%	5.00	5.00	5.00	5.00	5.00	5.00
机械 载货汽车－普通货车 4t	台班	0.100	0.100	0.100	0.080	0.080	0.010
仪表 铭牌打印机	台班	0.024	0.024	0.024	0.012	0.012	—
多功能信号校验仪	台班	—	0.414	—	—	—	0.133
多功能校验仪	台班	—	—	0.442	—	—	—
手持式万用表	台班	0.140	0.591	0.632	—	—	0.265
数字电压表	台班	—	—	—	—	—	0.159
接地电阻测试仪	台班	0.050	0.050	0.050	—	—	—
兆欧表	台班	0.030	0.030	0.030	—	—	—
对讲机（一对）	台班	—	0.355	0.379	—	—	0.159

工作内容:设备清理、上接头、安装、表计固定、校接线、单体试验、配合单体试运转,挂牌。

计量单位:台

编　号			6-1-133	6-1-134	6-1-135	6-1-136	6-1-137
项　目			多功能储罐液位计	阻旋式物位计料位开关	重锤探测物位计	储罐液位称重仪	多功能磁致伸缩液位计
名　称		单位	消　耗　量				
人工	合计工日		工日	4.991	0.760	5.458	6.837	5.703
	其中	普工	工日	0.250	0.038	0.273	0.342	0.285
		一般技工	工日	4.242	0.646	4.639	5.811	4.848
		高级技工	工日	0.499	0.076	0.546	0.684	0.570
材料	管材		m	—	—	(18.000)	(20.700)	—
	仪表接头		套	—	—	—	(5.000)	—
	清洗剂 500mL		瓶	0.200	0.100	0.300	0.300	0.200
	细白布 宽 900mm		m	0.200	0.050	0.200	0.300	0.200
	尼龙扎带(综合)		根				10.000	
	位号牌		个	1.000	1.000	1.000	1.000	1.000
	铜芯塑料绝缘电线 BV-1.5mm²		m	1.000	—		1.000	1.000
	接地线 5.5~16.0mm²		m	1.000	1.000	1.000	1.000	1.000
	其他材料费		%	5.00	5.00	5.00	5.00	5.00
机械	载货汽车–普通货车 4t		台班	0.150	0.010	0.150	0.200	0.150
仪表	铭牌打印机		台班	0.012	0.012	0.012	0.012	0.012
	多功能信号校验仪		台班	—	0.076	—	—	—
	多功能校验仪		台班	0.395	—	0.574	0.763	0.529
	手持式万用表		台班	0.564	0.126	0.820	0.475	0.329
	数字电压表		台班	0.023		0.033	—	—
	兆欧表		台班	0.030	0.030	0.030	0.030	0.030
	接地电阻测试仪		台班	0.050	—	—	—	—
	对讲机(一对)		台班	0.339	0.076	0.492	0.475	0.329

工作内容: 设备清理、上接头、安装、表计固定、校接线、单体试验、配合单体试运转、挂牌。

计量单位: 台

编　号			6-1-138	6-1-139	6-1-140	6-1-141	6-1-142
项　目			伺服式物位计	电接触式液位计（电极）（只）		光导电子液位计	射频导纳液位计/物位开关
				10以下	10以上		
名　称		单位	消　耗　量				
人工	合计工日		工日	4.733	1.660	2.804	4.254	0.947
	其中	普工	工日	0.237	0.083	0.140	0.213	0.047
		高级技工	工日	4.023	1.411	2.384	3.616	0.805
		一般技工	工日	0.473	0.166	0.280	0.425	0.095
材料	取源部件		套	—	—	—	—	（1.000）
	细白布　宽 900mm		m	0.300	0.050	0.100	0.100	0.100
	清洗剂　500mL		瓶	0.400	0.200	0.400	0.100	0.100
	酒精		kg	—	0.100	0.400	—	—
	绝缘钢纸板 0.5		kg	—	0.150	0.150	—	—
	铜芯塑料绝缘电线 BV-1.5mm^2		m	1.000	1.000	1.000	1.000	1.000
	接地线　5.5~16.0mm^2		m	1.000	1.000	1.000	1.000	1.000
	位号牌		个	2.000	1.000	1.000	1.000	1.000
	其他材料费		%	5.00	5.00	5.00	5.00	5.00
机械	载货汽车-普通货车 4t		台班	0.150	—	—	0.150	0.050
仪表	铭牌打印机		台班	0.024	0.012	0.012	0.012	0.012
	多功能校验仪		台班	0.429	—	—	0.315	0.107
	手持式万用表		台班	0.267	0.141	0.262	0.196	0.067
	兆欧表		台班	0.030	0.030	0.030	0.030	0.030
	对讲机（一对）		台班	0.267	0.088	0.150	0.196	0.067

工作内容: 设备清理、上接头、安装、表计固定、校接线、单体试验、挂牌、配合单体试运转、放射性仪表安全保护。

计量单位:台

编　号			6-1-143	6-1-144	6-1-145	6-1-146	6-1-147	6-1-148
项　目			电容式物位计/物位开关	电阻式物位计/信号器	超声波物位计物位开关	放射性物位计	差压开关	吹气装置
名　称		单位	消　耗　量					
人工		合计工日	工日	0.794	0.737	1.578	6.582	0.689	0.654
	其中	普工	工日	0.040	0.037	0.079	0.329	0.034	0.033
		一般技工	工日	0.675	0.626	1.341	5.595	0.586	0.556
		高级技工	工日	0.079	0.074	0.158	0.658	0.069	0.065
材料		取源部件	套	(1.000)	—	—	—	(1.000)	(1.000)
		仪表接头	套	(1.000)	—	—	—	(2.000)	(4.000)
		聚四氟乙烯生料带	m	—	—	—	—	—	0.840
		细白布 宽900mm	m	0.100	0.100	0.100	0.200	0.100	0.050
		接地线 5.5~16.0mm²	m	1.000	—	1.000	1.000	—	—
		位号牌	个	1.000	1.000	1.000	3.000	1.000	1.000
		警告牌	个	—	—	—	1.000	—	—
		其他材料费	%	5.00	5.00	5.00	5.00	5.00	5.00
机械		载货汽车–普通货车 4t	台班	0.010	0.010	0.010	0.100	—	—
仪表		铭牌打印机	台班	0.012	0.012	0.012	0.036	0.012	0.012
		多功能信号校验仪	台班	—	0.088	—	—	0.037	—
		多功能校验仪	台班	0.108	—	0.158	0.527	—	—
		便携式电动泵压力校验仪	台班	—	—	—	—	0.045	—
		手持式万用表	台班	0.124	0.100	0.181	0.603	0.090	—
		兆欧表	台班	0.030	—	0.030	0.030	—	—
		标准差压发生器 PASHEN	台班	—	—	—	—	0.028	—
		对讲机(一对)	台班	0.093	0.075	0.136	0.452	0.068	—

工作内容: 设备清理、上接头、安装、表计固定、校接线、单体试验、挂牌、配合单体
试运转。

计量单位: 台

编　号			6-1-149	6-1-150	6-1-151	6-1-152
项　目			插入式安装液位变送器	单法兰变送器	双法兰变送器	无线液位变送器
名　称		单位	消　耗　量			
人工	合计工日		工日	1.729	1.846	2.571	2.641
	其中	普工	工日	0.086	0.092	0.129	0.132
		一般技工	工日	1.470	1.569	2.185	2.245
		高级技工	工日	0.173	0.185	0.257	0.264
材料	仪表接头		套	（1.000）	—	—	（1.000）
	清洗剂 500mL		瓶	—	—	0.200	—
	尼龙扎带（综合）		根	—	—	5.000	—
	细白布 宽 900mm		m	0.070	0.070	0.100	—
	位号牌		个	1.000	1.000	1.000	1.000
	其他材料费		%	5.00	5.00	5.00	5.00
仪表	铭牌打印机		台班	0.012	0.012	0.012	0.012
	多功能校验仪		台班	0.358	0.360	0.374	0.453
	便携式电动泵压力校验仪		台班	0.204	0.206	0.214	—
	智能数字压力校验仪		台班	0.204	0.206	0.214	—
	精密交直流稳压电源		台班	0.139	0.139	0.139	—
	电动综合校验台		台班	0.139	0.139	0.139	—
	手持式万用表		台班	0.307	0.308	0.321	—
	笔记本电脑		台班	—	—	—	0.286
	对讲机（一对）		台班	0.204	0.206	0.214	0.259

五、显示记录仪表

工作内容: 安装、检查、校接线、单体试验、配合试单体试运转。   计量单位:台

编　号			6-1-153	6-1-154	6-1-155	6-1-156	6-1-157	6-1-158
项　目			数字显示仪表			多功能、多通道多笔记录仪	X~Y 函数记录仪	多通道无纸记录仪
			单点数显仪	数显调节仪	多屏幕数显仪			
名　称		单位	消　耗　量					
人工	合计工日	工日	0.791	0.900	1.099	1.531	1.239	1.168
	其中 普工	工日	0.040	0.045	0.055	0.077	0.062	0.058
	一般技工	工日	0.672	0.765	0.934	1.301	1.053	0.993
	高级技工	工日	0.079	0.090	0.110	0.153	0.124	0.117
材料	铜芯塑料绝缘电线 BV−1.5mm²	m	0.500	0.500	0.500	1.000	—	—
	酒精	kg	—	—	—	0.300	—	—
	清洁布 250×250	块	0.200	0.300	0.600	0.400	0.400	0.400
	其他材料费	%	5.00	5.00	5.00	5.00	5.00	5.00
仪表	电动综合校验台	台班	0.071	0.078	0.096	0.138	0.114	0.105
	精密交直流稳压电源	台班	0.071	0.078	0.096	0.138	0.114	0.105
	多功能校验仪	台班	0.436	0.500	0.603	0.849	0.678	0.637
	手持式万用表	台班	0.508	0.584	0.703	0.991	0.790	0.743
	数字电压表	台班	0.264	0.303	0.365	0.515	0.411	0.386
	对讲机(一对)	台班	0.086	0.094	0.115	0.166	0.137	0.126

工作内容：安装、检查、校接线、单体试验、配合试单体试运转。 计量单位：台

编　号			6-1-159	6-1-160	6-1-161	6-1-162	6-1-163
项　目			电位差计/平衡电桥（指示、记录、报警）				
			单点	多点	带电动PID调节器	带顺序控制器	带模数转换装置
名　称		单位	消　耗　量				
人工	合计工日	工日	1.028	1.304	1.379	1.379	1.309
	其中 普工	工日	0.051	0.065	0.069	0.069	0.065
	一般技工	工日	0.874	1.109	1.172	1.172	1.113
	高级技工	工日	0.103	0.130	0.138	0.138	0.131
材料	酒精	kg	0.100	0.100	0.150	0.300	0.100
	清洁布 250×250	块	0.200	0.300	0.400	0.400	0.400
	其他材料费	%	5.00	5.00	5.00	5.00	5.00
仪表	电动综合校验台	台班	0.078	0.101	0.108	0.108	0.099
	精密交直流稳压电源	台班	0.078	0.101	0.108	0.108	0.099
	精密标准电阻箱	台班	0.052	0.068	0.072	0.072	—
	多功能信号校验仪	台班	0.189	0.245	0.261	0.261	0.240
	手持式万用表	台班	0.221	0.286	0.304	0.304	0.280
	数字电压表	台班	0.063	0.082	0.087	0.087	0.080
	对讲机（一对）	台班	0.189	0.245	0.261	0.261	0.240

工作内容: 安装、检查、校接线、单体试验、配合试单体试运转。 计量单位:台

编　号			6-1-164	6-1-165	6-1-166	6-1-167	6-1-168
项　目			电单双针指示仪	电单双针记录仪	电单双针报警仪	电多点指示记录仪	电积算器
名　称		单位	消　耗　量				
人工	合计工日	工日	0.608	0.718	0.729	1.052	0.724
	其中 普工	工日	0.030	0.036	0.036	0.053	0.036
	一般技工	工日	0.517	0.610	0.620	0.894	0.616
	高级技工	工日	0.061	0.072	0.073	0.105	0.072
材料	细白布 宽 900mm	m	0.050	0.050	0.050	0.050	0.050
	其他材料费	%	5.00	5.00	5.00	5.00	5.00
仪表	精密交直流稳压电源	台班	0.053	0.056	0.067	0.088	0.066
	多功能信号校验仪	台班	0.089	0.096	0.113	0.150	0.111
	手持式万用表	台班	0.075	0.080	0.094	0.125	0.093
	数字频率计	台班	—	—	—	—	0.050
	电动综合校验台	台班	0.040	0.042	0.050	0.066	0.050
	对讲机(一对)	台班	0.045	0.048	0.056	0.075	0.056

第二章　过程控制仪表

说　　明

一、本章内容包括调节仪表、转换与辅助仪表、基地式调节仪表、执行仪表、仪表回路模拟试验。

1. 调节仪表、转换仪表、辅助仪表包括安装、试验。

2. 执行仪表包括：气动、电动、液动执行机构、气动活塞式调节阀、气动薄膜调节阀、电动调节阀、电磁阀、伺服放大器、直接作用调节阀及执行仪表附件。微型调节阀指 DN15 以下采用螺纹连接的用于精细工程，包括本体安装和试验。

3. 仪表回路模拟试验包括：检测回路、调节回路、无线信号传输回路。

二、本章包括以下工作内容：

领料、搬运、准备、单体调试、安装、固定、上接头、校接线、配合单机试运转、挂位号牌、安装试验记录。此外还包括以下内容：

1. 配合在管道上安装调节阀、在线电磁阀、自力式阀。

2. 配合安装液动执行机构月牙板、连杆组件、油泵油盘制作安装、油泵电机检查、充油循环。液压伺服控制模块试验。

3. 调节阀试验器具的准备、阀体强度试验、阀芯泄漏性、活塞或膜头气密性、严密度检查试验、满行程、变差、线性、误差、灵敏限试验。

4. 仪表回路模拟试验包括电气线路检查、绝缘电阻测定、导压管路和气源管路检查、系统静态模拟试验、排错以及回路中需要再次进行仪表试验等工作。无线信号传输回路包括信号、接收和发送试验、测试信号抗干扰性、数据包丢失检查测试等。

5. 仪表单体和回路试验，校验仪器的准备、搬运，气源、电源的准备和接线、接管。

6. 防爆阀门箱包括：检查、接线、接管、螺栓固定、接地、密封等。

三、本章不包括以下工作内容：

1. 仪表支架、支座、台座制作与安装。

2. 工业管道或设备上仪表用法兰焊接、插座焊接及开孔等。

3. 调节阀、在线电磁阀安装及短管装拆、调节阀研磨。

4. 液动执行机构设备解体、清洗、油泵检查、电机干燥、油泵用油量。

5. 执行机构所配置的风门、挡板或阀的安装。

工程量计算规则

一、本章仪表除特别说明外按"台"或"件"为计量单位。

二、电动和气动调节阀按成套安装调试,包括执行机构与阀、手轮或所带的成套附件,不能分开另计工程量,但是,与之配套的阀门定位器、趋近开关、限位开关有调试内容的要另外计算工程量;没有成套供应需要另外配置的电磁阀等附件要另计算安装调试工程量。

三、执行机构如组成不同的控制方式,需另外配置附件时,附件的选择应按所列项目另计算安装调试工程量。

四、所列阀门的检查接线项目适用于蝶阀、开关阀、切断阀、偏心旋转阀、多通电磁阀等在工业管道上已安装好的调节阀门,不需要调节阀运输、安装和本体试验。工作内容仅包括现场调整或试验、检查、接线、接管和接地等。

五、在工业管道上安装调节阀执行第八册《工业管道安装工程》相应项目,仪表配合安装。气路控制电磁阀安装执行本册。仪表用法兰的焊接和安装执行第八册《工业管道安装工程》相应项目。

六、回路系统模拟试验,除各章另有说明外,不适用于计算机系统的回路调试和成套装置的系统调试。回路系统调试按"套"为计量单位,并区分检测系统、调节系统和手动调节系统。联锁回路和报警回路执行本册顺序控制装置和信号报警装置相关项目。

七、系统调试项目中,调节系统是具有负反馈的闭环回路。简单调节回路是指单参数、一个调节器、一个检测元件或变送器组成的基本控制系统;复杂回路是指2个以上的多回路调节或多参数调节,双回路由两个回路组成的调节回路。

一、调 节 仪 表

工作内容:设备清理、检查、表计固定、校接线、单体试验、配合单机试运转。　　　　　　　　　**计量单位:**台

编　号				6-2-1	6-2-2	6-2-3	6-2-4
项　目				指示调节器	特殊功能调节器	多通道阀位跟踪调节器	SPC/DDC后备调节器
名　称			单位	消　耗　量			
人工	合计工日		工日	3.369	4.233	4.480	5.083
	其中	普工	工日	0.168	0.212	0.224	0.254
		一般技工	工日	2.864	3.598	3.808	4.321
		高级技工	工日	0.337	0.423	0.448	0.508
材料	清洁布 250×250		块	0.200	0.400	0.400	0.400
	其他材料费		%	5.00	5.00	5.00	5.00
仪表	精密交直流稳压电源		台班	0.392	0.507	0.530	0.615
	多功能校验仪		台班	1.069	1.382	1.446	1.676
	手持式万用表		台班	0.653	0.845	0.884	1.026
	电动综合校验台		台班	0.131	0.169	0.177	0.205
	数字电压表		台班	0.392	0.507	0.530	0.615
	精密标准电阻箱		台班	0.131	0.169	0.177	0.205
	数字毫秒表		台班	0.131	0.169	0.177	0.205
	对讲机（一对）		台班	0.560	0.724	0.757	0.878

二、转换与辅助仪表

1. 转 换 仪 表

工作内容:设备清理、检查、表计固定、校接线、单体试验。 计量单位:台

编　号				6-2-5	6-2-6	6-2-7	6-2-8
项　目				电流信号转换器	脉冲/电压转换器	频率/电流转换器	阻抗转换器
名　称			单位	消　耗　量			
人工	合计工日		工日	0.199	0.246	0.246	0.222
	其中	普工	工日	0.010	0.012	0.012	0.011
		一般技工	工日	0.169	0.209	0.209	0.189
		高级技工	工日	0.020	0.025	0.025	0.022
材料	其他材料费		%	5.00	5.00	5.00	5.00
仪表	精密交直流稳压电源		台班	0.026	0.035	0.035	0.031
	多功能信号校验仪		台班	0.050	0.066	0.066	0.058
	手持式万用表		台班	0.029	0.038	0.038	0.033
	精密标准电阻箱		台班	0.013	0.018	—	0.015
	电动综合校验台		台班	0.020	0.026	0.026	0.023

工作内容:设备清理、检查、表计固定、校接线、单体试验。 计量单位:台

编　号				6-2-9	6-2-10	6-2-11	6-2-12
项　目				函数转换器	电/气转换器	气/电转换器	光/电转换器
名　称			单位	消　耗　量			
人工	合计工日		工日	0.222	0.297	0.297	0.246
	其中	普工	工日	0.011	0.015	0.015	0.012
		一般技工	工日	0.189	0.252	0.252	0.209
		高级技工	工日	0.022	0.030	0.030	0.025
材料	仪表接头		套	—	(2.000)	(2.000)	—
	其他材料费		%	5.00	5.00	5.00	5.00
机械	电动空气压缩机 0.6m³/min		台班	—	0.016	0.016	—
仪表	精密交直流稳压电源		台班	0.023	0.027	0.027	0.023
	多功能信号校验仪		台班	0.054	0.064	0.064	0.055
	高稳定度光源		台班	—	—	—	0.039
	手持式万用表		台班	0.042	0.049	0.049	0.042
	电动综合校验台		台班	0.031	—	0.036	0.031
	气动综合校验台		台班	—	0.036	—	—

2. 辅 助 仪 表

工作内容：设备清理、检查、表计固定、校接线、单体试验。 计量单位：台

编 号			6-2-13	6-2-14	6-2-15	6-2-16	6-2-17
项 目			D型操作器	安全栅	配电器	电源箱	DDC操作器
名 称		单位	消 耗 量				
人工	合计工日	工日	0.246	0.059	0.864	0.959	0.584
	其中 普工	工日	0.012	0.003	0.043	0.048	0.029
	一般技工	工日	0.209	0.050	0.735	0.815	0.497
	高级技工	工日	0.025	0.006	0.086	0.096	0.058
材料	其他材料费	%	5.00	5.00	5.00	5.00	5.00
仪表	精密交直流稳压电源	台班	0.017	0.003	0.053	—	0.056
	多功能信号校验仪	台班	0.039	0.008	—	—	0.131
	数字电压表	台班	—	0.003	0.053	0.059	0.056
	手持式万用表	台班	0.028	0.006	0.088	0.099	0.094
	精密标准电阻箱	台班	—	—	0.035	—	—
	电动综合校验台	台班	—	—	0.035	0.040	0.037
	对讲机（一对）	台班	0.022	—	—	—	0.075

工作内容：设备清理、检查、表计固定、校接线、单体试验。 计量单位：台

编 号			6-2-18	6-2-19	6-2-20	6-2-21
项 目			大流量过滤器减压阀	过滤器减压阀	气动压力开关	气动电开关
名 称		单位	消 耗 量			
人工	合计工日	工日	0.093	0.082	0.152	0.163
	其中 普工	工日	0.005	0.004	0.008	0.008
	一般技工	工日	0.079	0.070	0.129	0.139
	高级技工	工日	0.009	0.008	0.015	0.016
材料	仪表接头	套	（2.000）	（2.000）	（3.000）	（2.000）
	垫片	个	—	—	1.000	—
	聚四氟乙烯生料带	m	0.150	0.150	0.200	0.150
	其他材料费	%	5.00	5.00	5.00	5.00
机械	电动空气压缩机 0.6m³/min	台班	0.010	0.009	0.051	0.052
仪表	铭牌打印机	台班	0.012	—	—	—
	气动综合校验台	台班	0.004	0.004	0.031	0.031
	对讲机（一对）	台班	—	—	0.015	0.015

三、基地式调节仪表

工作内容: 检查、校接线、安装、单体试验、配合单体试运转。　　　　　　　　　计量单位:台

编　号			6-2-22	6-2-23	6-2-24	6-2-25	6-2-26
项　目			简易式调节器	PID调节器	时间比例调节器	配比调节器	程序控制调节器
名　称		单位	消　耗　量				
人工	合计工日	工日	1.332	1.893	1.531	1.800	1.613
	其中 普工	工日	0.067	0.095	0.077	0.090	0.081
	其中 一般技工	工日	1.132	1.609	1.301	1.530	1.371
	其中 高级技工	工日	0.133	0.189	0.153	0.180	0.161
材料	细白布 宽 900mm	m	0.070	0.070	0.070	0.070	0.070
	位号牌	个	1.000	1.000	1.000	1.000	1.000
	其他材料费	%	5.00	5.00	5.00	5.00	5.00
仪表	铭牌打印机	台班	0.012	0.012	0.012	0.012	0.012
	精密交直流稳压电源	台班	0.130	0.250	0.166	0.221	0.173
	电动综合校验台	台班	0.162	0.312	0.207	0.276	0.216
	多功能信号校验仪	台班	0.162	0.312	0.207	0.276	0.216
	手持式万用表	台班	0.089	0.172	0.114	0.152	0.119

四、执 行 仪 表

1. 执 行 机 构

工作内容: 检查、校接线、单元检查、功能试验、配合安装、单体试验、配合单体试运转。　**计量单位:** 台

编　号				6-2-27	6-2-28	6-2-29	6-2-30	6-2-31
项　目				电信号气动长行程执行机构	气动长行程执行机构	气动活塞式执行机构	气动薄膜执行机构	电动直行程执行机构
名　称			单位	消 耗 量				
人工	合计工日		工日	2.267	2.243	2.033	1.682	2.151
	其中	普工	工日	0.113	0.112	0.102	0.084	0.108
		一般技工	工日	1.927	1.907	1.728	1.430	1.828
		高级技工	工日	0.227	0.224	0.203	0.168	0.215
材料	连杆组件		套	—	—	—	—	(1.000)
	仪表接头		套	(2.000)	(2.000)	(2.000)	(3.000)	—
	细白布　宽 900mm		m	0.100	0.100	0.100	0.100	0.100
	清洗剂 500mL		瓶	0.150	0.150	0.150	0.100	0.200
	聚四氟乙烯生料带		m	0.150	0.150	0.150	0.150	—
	位号牌		个	1.000	1.000	1.000	1.000	1.000
	其他材料费		%	5.00	5.00	5.00	5.00	5.00
机械	电动空气压缩机 0.6m³/min		台班	0.072	0.067	0.061	0.047	—
	载货汽车 – 普通货车 8t		台班	0.057	0.054	0.048	0.038	0.046
仪表	铭牌打印机		台班	0.012	0.012	0.012	0.012	0.012
	便携式电动泵压力校验仪		台班	0.115	0.126	0.115	0.104	—
	多功能信号校验仪		台班	0.125	—	—	—	0.150
	手持式万用表		台班	0.141	—	—	—	0.176
	对讲机（一对）		台班	0.115	0.126	0.115	0.104	0.144

工作内容: 检查、校接线、单元检查、功能试验、配合安装、单体试验、配合单体试运转。 **计量单位:** 台

编　号			6-2-32	6-2-33	6-2-34	6-2-35	6-2-36	6-2-37
项　目			电动角行程执行机构（N·m）		液动执行机构			液压伺服模块
			25以下	25以上	直柄式	双侧直柄式	曲柄式	
名　称		单位	消　耗　量					
人工	合计工日		工日	2.594	2.944	2.804	3.132	3.156	0.316
	其中	普工	工日	0.130	0.147	0.140	0.157	0.158	0.016
		一般技工	工日	2.205	2.503	2.384	2.662	2.682	0.268
		高级技工	工日	0.259	0.294	0.280	0.313	0.316	0.032
材料	仪表接头		套	—	—	（2.000）	（4.000）	（2.000）	—
	连杆组件		套	（1.000）	（1.000）	（1.000）	（2.000）	（1.000）	—
	细白布 宽 900mm		m	0.050	0.050	0.200	0.300	0.300	—
	清洗剂 500mL		瓶	0.100	0.100	0.300	1.000	0.700	—
	位号牌		个	1.000	1.000	1.000	1.000	1.000	—
	其他材料费		%	5.00	5.00	5.00	5.00	5.00	—
机械	载货汽车–普通货车 15t		台班	—	—	0.300	0.300	0.300	—
仪表	铭牌打印机		台班	0.012	0.012	0.012	0.012	0.012	—
	多功能信号校验仪		台班	0.205	0.209	0.225	0.229	0.229	0.063
	兆欧表		台班	0.030	0.030	—	—	—	—
	手持式万用表		台班	0.308	0.314	0.338	0.343	0.344	0.094
	对讲机（一对）		台班	0.336	0.262	0.282	0.286	0.287	0.079

2. 调 节 阀

工作内容: 检查、校接线或接管、配合安装、调整试验、接地、配合单体试运转。　　　　　　　　计量单位:台

编　号				6-2-38	6-2-39	6-2-40	6-2-41	6-2-42	6-2-43
项　目				气动活塞式调节阀	气动薄膜调节阀	电动调节阀	微型调节阀	在线电磁阀	伺服放大器
名　称			单位	消　耗　量					
人工	合计工日		工日	2.031	1.914	1.823	0.393	1.248	0.409
	其中	普工	工日	0.102	0.096	0.091	0.020	0.062	0.020
		一般技工	工日	1.726	1.627	1.550	0.334	1.061	0.348
		高级技工	工日	0.203	0.191	0.182	0.039	0.125	0.041
材料	仪表接头		套	(2.000)	(1.000)	—	(2.000)	—	—
	接地线 5.5~16.0mm²		m	—	—	1.000	—	1.000	—
	细白布 宽 900mm		m	0.050	0.060	0.060	0.060	0.050	—
	清洗剂 500mL		瓶	0.150	0.050	0.050	0.020	0.050	—
	聚四氟乙烯生料带		m	0.150	0.150		0.100		
	位号牌		个	1.000	1.000	1.000	1.000	1.000	
	其他材料费		%	5.00	5.00	5.00	—	5.00	5.00
机械	电动空气压缩机 0.6m³/min		台班	0.252	0.232	—	—	—	—
	汽车式起重机 16t		台班	0.101	0.093	0.096	—	0.085	—
	载货汽车 - 普通货车 8t		台班	0.101	0.093	0.096	—	0.085	—
	试压泵 2.5MPa		台班	0.252	0.232	0.240	—	—	—
仪表	铭牌打印机		台班	0.012	0.012	0.012	0.012	0.012	—
	气动综合校验台		台班	0.120	0.117				
	电动综合校验台		台班	—	—	0.099		0.036	0.030
	多功能信号校验仪		台班	—	—	0.229	0.086	0.094	0.066
	精密交直流稳压电源		台班	—	—			0.036	0.030
	兆欧表		台班	—	—			0.030	
	手持式万用表		台班	—	—	0.229	0.086	0.094	0.066
	数字电压表		台班	—	—	0.114	—	0.047	—
	数字毫秒表		台班	0.080	0.078	0.066	—	—	—
	对讲机 (一对)		台班	0.229	0.222	0.191	0.072	0.078	0.055

工作内容: 现场调整或试验、检查、校接线、接地、配合单体试运转等。   计量单位: 台

编　号			6-2-44	6-2-45	6-2-46	6-2-47	6-2-48
项　目			阀门检查接线				防爆阀门控制箱
			气动蝶阀	电动蝶阀	多通电动阀	多通电磁阀	
名　称		单位	消　耗　量				
人工	合计工日	工日	0.259	0.282	0.329	0.282	1.449
	其中 普工	工日	0.013	0.014	0.016	0.014	0.072
	一般技工	工日	0.220	0.240	0.280	0.240	1.232
	高级技工	工日	0.026	0.028	0.033	0.028	0.145
材料	仪表接头	套	(4.000)	—	—	—	(3.000)
	聚四氟乙烯生料带	m	0.150	—	—	—	—
	细白布 宽 900mm	m	0.070	—	—	—	0.100
	接地线 5.5~16.0mm^2	m	—	1.000	1.000	1.000	1.500
	位号牌	个	1.000	1.000	1.000	1.000	1.000
	其他材料费	%	5.00	5.00	5.00	5.00	5.00
机械	载货汽车 - 普通货车 4t	台班	—	—	—	—	0.006
仪表	铭牌打印机	台班	0.012	0.012	0.012	0.012	0.012
	多功能信号校验仪	台班	—	0.037	0.050	0.037	—
	便携式电动泵压力校验仪	台班	0.056	—	—	—	—
	手持式万用表	台班	—	0.068	0.092	0.068	0.107
	数字电压表	台班	—	0.027	0.037	0.027	—
	接地电阻测试仪	台班	—	0.050	0.050	0.050	0.050
	兆欧表	台班	—	—	0.030	0.030	0.030
	对讲机(一对)	台班	0.046	0.041	0.055	0.041	—

3. 直接作用调节阀

工作内容: 清理、检查、单体试验、配合安装。 计量单位:台

编　号			6-2-49	6-2-50	6-2-51	6-2-52
项　目			自力式压力调节阀		自力式流量调节阀	自力式温度调节阀
			重锤式	带指挥器		
名　称		单位	消　耗　量			
人工	合计工日		工日	0.467	0.701	0.724	0.491
	其中	普工	工日	0.023	0.035	0.036	0.025
		一般技工	工日	0.397	0.596	0.616	0.417
		高级技工	工日	0.047	0.070	0.072	0.049
材料	插座 带丝堵		套	—	—	—	(1.000)
	仪表接头		套	(1.000)	(5.000)	(5.000)	(1.000)
	细白布 宽 900mm		m	0.050	0.050	0.050	0.060
	清洗剂 500mL		瓶	0.100	0.100	0.100	0.200
	尼龙扎带(综合)		根	—	—	—	5.000
	位号牌		个	1.000	1.000	1.000	1.000
	其他材料费		%	5.00	5.00	5.00	5.00
机械	载货汽车-普通货车 4t		台班	0.020	0.030	0.031	0.021
仪表	铭牌打印机		台班	0.012	0.012	0.012	0.012

4. 执行仪表附件

工作内容:清理、检查、安装、校接线、调整试验。　　　　　　　　　　　　　　　　　计量单位:台(只)

编　号				6-2-53	6-2-54	6-2-55	6-2-56	6-2-57	6-2-58
项　目				电/气阀门定位器	气动阀门定位器	气控气阀	电控气阀	电磁换气阀	气路二位多通电磁阀
名　称			单位	消　耗　量					
人工	合计工日		工日	0.846	0.869	0.342	0.331	0.307	0.384
	其中	普工	工日	0.042	0.043	0.017	0.017	0.015	0.019
		一般技工	工日	0.719	0.739	0.291	0.281	0.261	0.327
		高级技工	工日	0.085	0.087	0.034	0.033	0.031	0.038
材料	仪表接头		套	(2.000)	(2.000)	(3.000)	(2.000)	(2.000)	(4.000)
	细白布 宽 900mm		m	0.070	0.070	0.050	0.050	0.050	0.050
	聚四氟乙烯生料带		m	0.200	0.200	0.200	0.200	0.200	0.200
	位号牌		个	1.000	1.000	—	—	—	—
	其他材料费		%	5.00	5.00	5.00	5.00	5.00	5.00
机械	电动空气压缩机 0.6m³/min		台班	0.139	0.145	0.030	0.026	0.020	0.015
仪表	铭牌打印机		台班	0.012	0.012	—	—	—	—
	气动综合校验台		台班	0.151	0.158	0.032	0.029	0.022	0.015
	多功能校验仪		台班	0.178	—	—	—	—	—
	电动综合校验台		台班	—	—	—	0.024	0.018	0.015
	手持式万用表		台班	0.162	—	—	0.031	0.023	0.025
	对讲机(一对)		台班	0.102	0.107	—	—	—	—

工作内容：清理、检查、安装、校接线、调整试验。　　　　　　　　　　　　　　　**计量单位：**台（只）

		编　号		6-2-59	6-2-60	6-2-61	6-2-62	6-2-63	6-2-64
		项　目		三断自锁装置	气动保位阀／安保器	阀位传送器	限位／微动开关	趋近开关	防爆微动开关
		名　称	单位	消　耗　量					
人工		合计工日	工日	0.352	0.338	0.321	0.100	0.123	0.127
	其中	普工	工日	0.018	0.017	0.016	0.005	0.006	0.006
		一般技工	工日	0.299	0.287	0.273	0.085	0.105	0.108
		高级技工	工日	0.035	0.034	0.032	0.010	0.012	0.013
材料		仪表接头	套	（4.000）	（2.000）	（2.000）	—	—	—
		真丝绸布　宽 900mm	m	0.020	0.020	0.020	0.020	0.020	0.020
		聚四氟乙烯生料带	m	0.150	0.150	—	—	—	—
		其他材料费	%	5.00	5.00	5.00	5.00	5.00	5.00
机械		电动空气压缩机 0.6m³/min	台班	0.031	0.022	0.022	—	—	—
仪表		气动综合校验台	台班	—	0.022	—	—	—	—
		电动综合校验台	台班	0.031	—	0.022	0.011	0.015	0.014
		多功能信号校验仪	台班	0.054	0.039	0.039	—	—	—
		手持式万用表	台班	0.043	—	0.032	0.015	0.021	0.020

5. 气源缓冲罐

工作内容: 准备、清理、运输、检查、安装固定、接地、挂牌。　　　　　　　　　　　计量单位: 台

编　号			6-2-65	6-2-66	6-2-67	6-2-68	6-2-69
项　目			气源缓冲罐				
			200kg	500kg	1t	1.5t	2t
名　称		单位	消　耗　量				
人工		合计工日	工日	3.008	3.469	4.158	4.501	4.968
	其中	普工	工日	0.150	0.173	0.208	0.225	0.248
		一般技工	工日	2.557	2.949	3.534	3.826	4.223
		高级技工	工日	0.301	0.347	0.416	0.450	0.497
材料		细白布 宽 900mm	m	0.100	0.100	0.200	0.200	0.200
		位号牌	个	1.000	1.000	1.000	1.000	1.000
		其他材料费	%	5.00	5.00	5.00	5.00	5.00
机械		电动空气压缩机 6m³/min	台班	0.521	0.584	0.668	0.710	0.794
		载货汽车 – 普通货车 15t	台班	0.100	0.200	0.400	0.500	0.500
		汽车式起重机 16t	台班	0.100	0.200	0.400	0.500	0.500
仪表		铭牌打印机	台班	0.012	0.012	0.012	0.012	0.012

五、仪表回路模拟试验

1. 检 测 回 路

工作内容: 管路线路检查,单元仪表检查、设定、排错、模拟试验。　　　　　　　　　**计量单位:** 套

编　号			6-2-70	6-2-71	6-2-72	6-2-73	6-2-74
项　目			温度检测回路	压力检测回路	流量检测回路	差压式流量/液位检测回路	物位检测回路
名　称		单位	消　耗　量				
人工		合计工日	工日	0.369	0.493	0.619	0.714	0.896
	其中	普工	工日	0.018	0.025	0.031	0.036	0.045
		一般技工	工日	0.314	0.419	0.526	0.607	0.761
		高级技工	工日	0.037	0.049	0.062	0.071	0.090
仪表		回路校验仪	台班	0.100	0.134	0.168	0.194	0.244
		便携式电动泵压力校验仪	台班	—	0.081	—	0.117	—
		手持式万用表	台班	0.100	0.134	0.168	0.194	0.244
		数字电压表	台班	0.100	0.134	0.168	0.194	0.244
		数字压力表	台班	—	0.127	—	0.183	—
		多功能压力校验仪	台班	—	0.051	—	—	—
		标准差压发生器 PASHEN	台班	—	—	—	0.073	—
		接地电阻测试仪	台班	0.050	0.050	0.050	0.050	0.050
		对讲机(一对)	台班	0.121	0.161	0.202	0.233	0.292

工作内容:管路线路检查,单元仪表检查、设定、排错、模拟试验。 计量单位:套

编 号			6-2-75	6-2-76	6-2-77	6-2-78
项 目			多点检测回路(点以内)			
			4	6	10	20
名 称		单位	消 耗 量			
人工	合计工日	工日	0.636	0.806	0.977	1.147
	其中 普工	工日	0.032	0.040	0.049	0.057
	一般技工	工日	0.540	0.685	0.830	0.975
	高级技工	工日	0.064	0.081	0.098	0.115
仪表	多功能校验仪	台班	0.104	0.132	0.160	0.187
	便携式电动泵压力校验仪	台班	0.104	0.132	0.160	0.187
	标准差压发生器 PASHEN	台班	0.065	0.083	0.100	0.118
	手持式万用表	台班	0.173	0.219	0.266	0.312
	数字电压表	台班	0.173	0.219	0.266	0.312
	数字压力表	台班	0.069	0.080	0.097	0.115
	智能数字压力校验仪	台班	0.069	0.088	0.106	0.125
	接地电阻测试仪	台班	0.050	0.050	0.050	0.050
	对讲机(一对)	台班	0.208	0.263	0.319	0.375

2.调 节 回 路

工作内容:管路线路检查,单元仪表检查、设定、排错、模拟试验。　　　　　　　　　　　　　计量单位:套

编　号			6-2-79	6-2-80	6-2-81	6-2-82	6-2-83
项　目			简单回路	复杂回路		手操回路	无线传输回路(接发点)
				双回路	多回路		
名　称		单位	消　耗　量				
人工	合计工日	工日	1.061	1.819	2.576	0.509	1.492
	其中 普工	工日	0.053	0.091	0.129	0.025	0.075
	一般技工	工日	0.902	1.546	2.189	0.433	1.268
	高级技工	工日	0.106	0.182	0.258	0.051	0.149
仪表	回路校验仪	台班	0.154	0.264	0.374	0.074	—
	多功能校验仪	台班	0.269	0.462	0.654	0.129	0.256
	手持式万用表	台班	0.192	0.330	0.467	0.092	—
	数字电压表	台班	0.192	0.330	0.467	0.092	—
	接地电阻测试仪	台班	0.050	0.050	0.050	0.050	—
	笔记本电脑	台班	—	—	—	—	0.284
	对讲机(一对)	台班	0.192	0.330	0.467	0.092	0.284

第三章　机械量监控装置

说　明

一、本章内容包括测厚测宽装置,旋转机械监测装置,称重装置,皮带秤及皮带打滑、跑偏检测,称重装置及电子皮带秤标定。

二、本章包括以下工作内容:

准备、开箱、设备清点、搬运、附属件安装、校接线;显示或控制装置安装试验,常规检查、单元检查、功能测试、设备接地、整套系统试验、配合单机试运转、记录。此外还包括以下内容:

1. 配合安装机械量装置传感器、探头、检测元件、传动机构、测量架(框),对控制部分检查、接线、接地、绝缘测试、单元检查、功能测试、整机系统试验、运行。

2. 称重装置标定。

三、本章不包括以下工作内容:

1. 仪表支架、支座、台座制作与安装。

2. 标定用砝码、链码的租用、运输、挂码和实物标定的物源准备、堆场工作。

工程量计算规则

一、传感器安装按"台"为计量单位,显示装置和可编程控制装置按"套"为计量单位,包括显示、累计、报警、控制、通信、打印、拷贝等功能。

二、称重仪表按传感器的数量和显示装置或控制装置配套一起试验。

三、机械量仪表安全防护用材料、机械或仪器等按施工组织设计另行计算。

四、微型传感器用于精细工程,包括传感器本体安装试验。

一、测厚测宽装置

工作内容： 配合开箱检查、运输、配合安装、安全防护、校接线、常规检查、单元检查、功能检查、设备接地、整机系统试验。

计量单位：套

编　号			6-3-1	6-3-2	6-3-3	6-3-4	6-3-5	6-3-6
项　目			接触式测厚仪	同位素测厚仪（直接测量）	同位素测厚仪带"C"型架（kg）		电容/光电式厚度检测装置	宽度检测装置
					100以下	100以上		
名　称		单位	消　耗　量					
人工	合计工日	工日	14.440	27.605	30.481	31.002	15.615	33.400
	其中 普工	工日	0.722	1.380	1.524	1.550	0.781	1.670
	一般技工	工日	11.552	22.084	24.385	24.802	12.492	26.720
	高级技工	工日	2.166	4.141	4.572	4.650	2.342	5.010
材料	警告牌	个	—	（1.000）	（1.000）	（1.000）	—	—
	接地线 5.5~16.0mm²	m	1.000	1.000	1.000	1.000	1.000	1.000
	细白布 宽 900mm	m	0.100	0.300	0.300	0.300	0.100	0.100
	清洁布 250×250	块	1.000	1.000	2.000	2.000	1.000	1.000
	清洗剂 500mL	瓶	—	—	0.500	0.500	—	—
	位号牌	个	1.000	1.000	1.000	1.000	1.000	1.000
	其他材料费	%	5.00	5.00	5.00	5.00	5.00	5.00
仪表	铭牌打印机	台班	0.012	0.012	0.012	0.012	0.012	0.012
	多功能校验仪	台班	2.563	5.155	5.564	5.564	2.616	5.968
	手持式万用表	台班	2.563	5.155	5.564	5.564	2.616	5.968
	数字电压表	台班	1.282	2.577	2.782	2.782	1.308	2.984
	兆欧表	台班	0.030	0.030	0.030	0.030	0.030	0.030
	接地电阻测试仪	台班	0.050	0.050	0.050	0.050	0.050	0.050
	对讲机（一对）	台班	2.563	5.155	5.564	5.564	2.616	5.968

二、旋转机械监测装置

工作内容：配合开箱检查、运输、配合安装及仪表设备安装、校接线、常规检查、
　　　　　功能检查、配合试运转。

计量单位：套

编　号			6-3-7	6-3-8	6-3-9	6-3-10	6-3-11	6-3-12
项　目			挠度监测	轴位移量监测	热膨胀监测	转速监测	振动监测	扭矩监测
名　称		单位	消　耗　量					
人工	合计工日	工日	4.520	4.717	4.558	3.847	4.828	4.054
	其中 普工	工日	0.226	0.236	0.228	0.192	0.241	0.203
	一般技工	工日	3.616	3.773	3.646	3.078	3.863	3.243
	高级技工	工日	0.678	0.708	0.684	0.577	0.724	0.608
材料	细白布 宽 900mm	m	0.100	0.100	0.100	0.100	0.100	0.100
	位号牌	个	1.000	1.000	1.000	1.000	1.000	1.000
	其他材料费	%	5.00	5.00	5.00	5.00	5.00	5.00
仪表	铭牌打印机	台班	0.012	0.012	0.012	0.012	0.012	0.012
	多功能校验仪	台班	0.560	0.555	0.545	0.446	0.556	0.555
	轴位移测振仪 TK3	台班	—	0.555	—	—	0.556	—
	手持式万用表	台班	0.560	0.555	0.545	0.446	0.556	0.555
	数字电压表	台班	0.280	0.277	0.273	0.223	0.278	0.277
	示波器	台班	—	—	—	0.034	—	—
	数字频率计	台班	—	—	—	0.034	0.042	—
	对讲机（一对）	台班	0.560	0.555	0.545	0.446	0.556	0.555

三、称 重 装 置

工作内容： 配合清点和安装、常规检查、校接线、接地、绝缘检查、整机系统试验。

编　号			6-3-13	6-3-14	6-3-15	6-3-16	6-3-17	6-3-18	6-3-19
项　目			称重传感器（称重量）					称重显示装置	可编程称重控制装置
			微型	10~1 000kg	1~10t	10~50t	50t以上		
			台					套	
名　称		单位	消　耗　量						
人工	合计工日	工日	0.632	2.814	3.211	3.607	4.225	6.826	41.741
	其中 普工	工日	0.032	0.141	0.161	0.180	0.211	0.341	2.087
	一般技工	工日	0.505	2.251	2.568	2.886	3.380	5.461	33.393
	高级技工	工日	0.095	0.422	0.482	0.541	0.634	1.024	6.261
材料	清洁布 250×250	块	—	—	—	—	—	1.000	2.000
	细白布 宽 900mm	m	—	—	—	—	—	0.100	0.100
	接地线 5.5~16.0mm²	m	1.000	1.000	1.000	1.000	1.000	1.000	2.000
	清洗剂 500mL	瓶	0.200	0.300	0.500	0.500	0.600	—	—
	其他材料费	%	5.00	5.00	5.00	5.00	5.00	5.00	5.00
仪表	线号打印机	台班	0.010	0.010	0.010	0.010	0.010	0.020	0.030
	多功能校验仪	台班	—	—	—	—	—	1.713	8.271
	精密交直流稳压电源	台班	—	—	—	—	—	1.185	5.722
	手持式万用表	台班	0.032	0.260	0.318	0.377	0.465	1.256	5.055
	数字电压表	台班	—	—	—	—	—	0.942	4.549
	接地电阻测试仪	台班	0.050	0.050	0.050	0.050	0.050	—	0.050
	兆欧表	台班	0.030	0.030	0.030	0.030	0.030	—	—
	对讲机（一对）	台班	—	—	—	—	—	1.571	7.582

四、皮带秤及皮带打滑、跑偏检测

工作内容:配合清点和安装、校接线、接地、配合安装试验。　　　　　　　　　　　　**计量单位:**台

编　号			6-3-20	6-3-21	6-3-22	6-3-23	6-3-24
项　目			电子皮带秤		皮带跑偏检测	皮带打滑检测	拉绳开关
			单托辊	双托辊			
名　称		单位	消　耗　量				
人工	合计工日		工日	8.284	8.647	6.936	5.754	7.773
	其中	普工	工日	0.414	0.432	0.347	0.288	0.389
		一般技工	工日	6.627	6.918	5.549	4.603	6.218
		高级技工	工日	1.243	1.297	1.040	0.863	1.166
材料	拉绳开关及附件		套	—	—	—	—	(1.000)
	覆塑钢丝绳 $\phi4$		m	—	—	—	—	(30.000)
	接地线 5.5~16.0mm²		m	1.000	1.000	1.000	1.000	1.000
	细白布 宽 900mm		m	0.200	0.300	0.100	0.100	0.200
	清洗剂 500mL		瓶					0.200
	位号牌		个	2.000	2.000	1.000	1.000	1.000
	其他材料费		%	5.00	5.00	5.00	5.00	5.00
机械	载货汽车－普通货车 4t		台班	—	—	—	—	0.015
仪表	铭牌打印机		台班	0.024	0.024	0.012	0.012	0.012
	多功能信号校验仪		台班	1.175	1.175	0.718	0.489	0.281
	手持式万用表		台班	0.705	0.705	0.431	0.294	0.168
	数字电压表		台班	—	—	0.287	0.196	0.112
	兆欧表		台班			0.030	0.030	0.030
	接地电阻测试仪		台班	0.050	0.050	0.050	0.050	—
	对讲机（一对）		台班	0.940	0.940	0.574	0.391	0.224

五、称重装置及电子皮带秤标定

工作内容：机械部分调整、零点、线性度和精度试验、电源调整、皮带速度、周长、静态复合率调整等。

计量单位：次/套

编 号			6-3-25	6-3-26	6-3-27	6-3-28	6-3-29	6-3-30	6-3-31
项 目			挂码标定（挂码重量 kg 以内）				链码标定（链码重量 kg 以内）		
			20	50	80	100	50	100	200
名 称		单位	消 耗 量						
合计工日		工日	3.705	4.895	6.384	8.467	4.707	5.998	6.494
人工	其中	普工	工日	0.185	0.245	0.319	0.423	0.235	0.300	0.325
		一般技工	工日	2.964	3.916	5.107	6.774	3.766	4.798	5.195
		高级技工	工日	0.556	0.734	0.958	1.270	0.706	0.900	0.974
材料	细白布 宽 900mm		m	0.350	0.350	0.350	0.350	0.350	0.350	0.350
	清洗剂 500mL		瓶	0.200	0.200	0.200	0.200	0.200	0.200	0.200
仪表	手持式万用表		台班	0.420	0.420	0.420	0.420	0.455	0.455	0.455
	数字电压表		台班	0.252	0.252	0.252	0.252	0.273	0.273	0.273
	对讲机（一对）		台班	0.420	0.420	0.420	0.420	0.455	0.455	0.455

工作内容: 机械部分调整、零点、线性度和精度试验、电源调整、皮带速度、周长、
　　　　　静态复合率调整等。　　　　　　　　　　　　　　　　　计量单位:次/套

编　号				6-3-32	6-3-33	6-3-34	6-3-35	6-3-36
项　目				实物标定(标定重量 t 以内)				
				5	8	15	25	50
名　称			单位	消　耗　量				
人工	合计工日		工日	4.939	6.328	8.709	11.191	13.076
	其中	普工	工日	0.247	0.316	0.435	0.560	0.654
		一般技工	工日	3.951	5.063	6.968	8.952	10.461
		高级技工	工日	0.741	0.949	1.306	1.679	1.961
机械	叉式起重机 5t		台班	0.461	0.662	1.008	1.368	1.642
	汽车式起重机 25t		台班	0.461	0.662	1.008	1.368	1.642
	载货汽车 – 普通货车 20t		台班	0.461	0.662	1.008	1.368	1.642
仪表	手持式万用表		台班	0.560	0.560	0.560	0.560	0.560
	数字电压表		台班	0.336	0.336	0.336	0.336	0.336
	对讲机(一对)		台班	0.560	0.560	0.560	0.560	0.560

第四章　过程分析及环境监测装置

说　明

一、本章内容包括：过程分析系统，水处理在线监测系统，物性检测装置，特殊预处理装置，分析柜、室及附件安装，气象环保监测系统。分析仪表为在线分析装置，分为化学分析或物理分析和物性分析，不适用于试验室或分析间的定性或定量分析仪器。具有智能功能的过程分析、水质检测及环境检测等装置数据可传送至上位计算机，接口试验执行本册第六章"综合自动化系统安装与试验"有关项目。

1. 过程分析系统包括：电化学式、热学式、磁导式、红外线分析、光电比色分析、工业色谱分析、质谱仪、可燃气体热值指数仪、多功能多参数在线分析装置。

2. 水处理在线监测系统包括：水质分析、浊度、污水处理、毒气泄漏检测报警。

水质分析中缩写字母表示：

ORP——氧化还原电位值；

TOD——总需氧量；

COD——化学需氧量；

BOD——生物化学需氧量。

3. 物性检测装置包括：湿度、密度、水分、黏度、粉尘检测。

4. 特殊预处理装置包括：烟道脏气样、炉气高温气体取样、重油分析取样、腐蚀组分取样、高黏度赃物取样、环境检测取样。

5. 分析柜、室及附件安装。

6. 气象环保监测装置包括：风向、风速、雨量、日照、飘尘、温湿度、露点、噪声。

二、本章包括以下工作内容：

准备、开箱、设备清点、搬运、校接线、成套仪表安装、附属件安装、常规检查、单元检查、功能测试、设备接地、整套系统试验、配合单机试运转、记录。此外还包括以下内容：

1. 成套分析仪表探头、通用预处理装置、转换装置、显示仪表安装及取样部件提供、清洗、保管。

2. 分析系统数据处理和控制设备调试、接口试验。

3. 分析仪表校验采用标准样品标定。

4. 分析小屋或柜安装就位、安全防护、接地、接地电阻测试。

5. 水质、环保监测成套安装，成套附件安装，整套试验运行。

6. 气象环保监测系统包括现场仪表安装固定、校接线、单元检查、系统试验。

过程分析系统、水质分析、污水处理、环保、气象等检测、监测装置安装试验时，施工方与有关方协调配合。

三、本章不包括以下工作内容：

1. 仪表支架、支座、台座制作与安装。

2. 在管道上开孔焊接取源取样部件或法兰。

3. 校验用标准样品的配制。

4. 分析系统需配置的冷却器、水封及其他辅助容器的制作和安装，执行本册相关项目。

5. 分析小屋及分析柜通风、空调、管路、电缆、阀安装及底座、轨道安装，小屋或柜密封、试压、开孔。

6. 水质、环保监测系统不涉及土木建筑工作。

7. 气象环保监测的立杆、拉线、检修平台安装。

工程量计算规则

一、本章检测装置及仪表是成套装置,包括取样、预处理装置、探头、传感器、检出器、转换器、显示或控制装置等,安装调试按"套"计算工程量,除有说明外,不分开计算工程量。

二、分析小屋及分析柜按"台"为计量单位,分析小屋按安装高度 3m 以下和 3m 以上区分安装,尺寸为长 × 宽 × 高 = 3m×3m×3m = 27m³。在 27m³ 以下按项目人材机计算,超过 27m³ 按比例计算安装工程量。

一、过程分析系统

工作内容：取样、预处理装置、探头、电极、数据处理及控制设备安装、检查、调整、系统试验、标定。

计量单位：套

编　号				6-4-1	6-4-2	6-4-3	6-4-4	6-4-5	6-4-6	6-4-7
项　目				电化学式分析仪				pH 分析仪		氧化锆分析仪
				电导式气体分析	电导式液体分析	烟气分析	氧含量分析仪	流通式	沉入式	
名　称			单位	消　耗　量						
人工	合计工日		工日	5.932	4.852	6.107	4.542	4.807	4.675	4.752
	其中	普工	工日	0.297	0.243	0.305	0.227	0.240	0.234	0.238
		一般技工	工日	4.745	3.881	4.886	3.634	3.846	3.740	3.801
		高级技工	工日	0.890	0.728	0.916	0.681	0.721	0.701	0.713
材料	取源部件		套	（1.000）	（1.000）	（1.000）	（1.000）	—	—	（1.000）
	仪表接头		套	（3.000）	（1.000）	—	（1.000）	（2.000）	—	（1.000）
	细白布 宽 900mm		m	0.350	0.350	0.350	0.350	0.350	0.350	0.350
	氧气		m³	0.042	—	—	—	0.042	—	—
	乙炔气		kg	0.016	—	—	—	0.016	—	—
	碳钢气焊条		kg	0.016	—	—	—	0.016	—	—
	位号牌		个	1.000	1.000	1.000	1.000	1.000	1.000	1.000
	其他材料费		%	5.00	5.00	5.00	5.00	5.00	5.00	5.00
仪表	铭牌打印机		台班	0.012	0.012	0.012	0.012	0.012	0.012	0.012
	多功能校验仪		台班	0.520	0.385	0.554	0.308	0.462	0.462	0.491
	精密标准电阻箱		台班	—	0.600	—	—	—	—	—
	手持式万用表		台班	0.891	0.660	0.950	0.528	0.792	0.792	0.842
	数字电压表		台班	0.743	0.550	0.792	0.440	0.660	0.660	0.701
	对讲机（一对）		台班	0.743	0.550	0.792	0.440	0.660	0.660	0.701

工作内容: 取样、预处理装置、探头、电极、数据处理及控制设备安装、检查、调整、
系统试验、标定。

计量单位:套

编　号			6-4-8	6-4-9	6-4-10	6-4-11	6-4-12	6-4-13
项　目			去极化式分析仪	热学式分析仪		磁导式分析仪	红外线分析仪	电磁浓度计
				热导式	热化学式			
名　称		单位	消　耗　量					
人工	合计工日		工日	7.674	7.585	5.027	5.424	4.504	2.933
	其中	普工	工日	0.384	0.379	0.251	0.271	0.225	0.147
		一般技工	工日	6.139	6.068	4.022	4.339	3.603	2.346
		高级技工	工日	1.151	1.138	0.754	0.814	0.676	0.440
材料	取源部件		套	(1.000)	(1.000)	(1.000)	(1.000)	(1.000)	(1.000)
	仪表接头		套	(4.000)	(2.000)	(2.000)	(3.000)	(2.000)	(2.000)
	氧气		m³	0.042	0.042	0.042	0.042	0.042	0.042
	乙炔气		kg	0.016	0.016	0.016	0.016	0.016	0.016
	碳钢气焊条		kg	0.016	0.016	0.016	0.016	0.016	0.016
	细白布 宽 900mm		m	0.350	0.350	0.350	0.350	—	0.350
	真丝绸布 宽 900mm		m	—	—	—	—	0.120	—
	位号牌		个	2.000	1.000	1.000	1.000	1.000	1.000
	其他材料费		%	5.00	5.00	5.00	5.00	5.00	5.00
仪表	铭牌打印机		台班	0.024	0.012	0.012	0.012	0.012	0.012
	多功能校验仪		台班	0.693	0.693	0.462	0.616	0.602	0.258
	手持式万用表		台班	1.188	1.188	0.792	1.056	1.031	0.442
	数字电压表		台班	0.990	0.990	0.660	0.880	0.859	0.369
	精密标准电阻箱		台班	—	0.792	0.528	—	—	—
	接地电阻测试仪		台班	—	—	—	—	—	0.050
	兆欧表		台班	0.030	0.030	0.030	0.030	—	0.030
	对讲机(一对)		台班	0.990	0.990	0.660	0.880	0.859	0.369

工作内容:取样、预处理装置、探头、电极、数据处理及控制设备安装、检查、调整、
系统试验、标定。

计量单位:套

编 号			6-4-14	6-4-15	6-4-16	6-4-17	6-4-18	6-4-19
项 目			光电比色分析		工业气相色谱分析	质谱仪	可燃气体热值指数仪	多功能多参数在线分析仪
			硅酸根自动分析	浊度分析				
名 称		单位	消 耗 量					
人工	合计工日	工日	5.204	4.454	17.905	14.024	9.834	9.032
	其中 普工	工日	0.260	0.223	0.895	0.701	0.492	0.452
	一般技工	工日	4.163	3.563	14.324	11.219	7.867	7.225
	高级技工	工日	0.781	0.668	2.686	2.104	1.475	1.355
材料	取源部件	套	(1.000)	(1.000)	(6.000)	(1.000)	(1.000)	(4.000)
	仪表接头	套	(2.000)	(2.000)	(14.000)	(1.000)	(3.000)	(12.000)
	氧气	m³	0.042	0.030	0.042	—	0.042	0.042
	乙炔气	kg	0.016	0.010	0.016	—	0.016	0.016
	碳钢气焊条	kg	0.016	0.020	0.016	—	0.016	0.016
	细白布 宽 900mm	m	—	—	—	0.350	0.350	0.350
	真丝绸布 宽 900mm	m	0.120	—	0.200	—	—	0.200
	位号牌	个	1.000	1.000	6.000	1.000	1.000	4.000
	其他材料费	%	5.00	5.00	5.00	5.00	5.00	5.00
仪表	铭牌打印机	台班	0.012	0.012	0.072	0.012	0.012	0.048
	多功能校验仪	台班	0.662	0.578	1.733	1.540	0.770	0.880
	手持式万用表	台班	1.135	0.990	2.970	2.640	1.320	1.509
	数字电压表	台班	0.946	0.825	2.475	2.200	1.100	1.257
	接地电阻测试仪	台班	—	—	—	—	—	0.050
	对讲机(一对)	台班	0.946	0.825	2.475	2.200	1.100	1.257

二、水处理在线监测系统

工作内容:运输、取样、电极、探测器、传感器安装、数据处理及控制设备安装检查、
调整、功能测试、系统试验。

计量单位:套

编　号			6-4-20	6-4-21	6-4-22	6-4-23	6-4-24	6-4-25
项　目			水质分析				颗粒计数装置	在线激光颗粒物分析
			ORP	TOD	COD	BOD		
名　称		单位	消　耗　量					
人工	合计工日		工日	5.115	6.218	4.675	4.499	3.506	4.167
	其中	普工	工日	0.256	0.311	0.234	0.225	0.175	0.208
		一般技工	工日	4.092	4.974	3.740	3.599	2.805	3.334
		高级技工	工日	0.767	0.933	0.701	0.675	0.526	0.625
材料	仪表接头		套	(1.000)	(1.000)	(1.000)	(1.000)	—	—
	位号牌		个	1.000	1.000	1.000	1.000	1.000	1.000
	其他材料费		%	5.00	5.00	5.00	5.00	5.00	5.00
仪表	铭牌打印机		台班	0.012	0.012	0.012	0.012	0.012	0.012
	多功能校验仪		台班	0.578	0.770	0.501	0.462	0.308	0.347
	手持式万用表		台班	0.990	1.320	0.858	0.792	0.528	0.594
	数字电压表		台班	0.825	1.100	0.715	0.660	0.440	0.495
	对讲机(一对)		台班	0.825	1.100	0.715	0.660	0.440	0.495

工作内容: 运输、取样、电极、探测器、传感器安装、数据处理及控制设备安装检查、
调整、功能测试、系统试验。

计量单位:套

编　号				6-4-26	6-4-27	6-4-28	6-4-29	6-4-30	6-4-31	6-4-32
项　目				固体悬浮物检测(MLSS)	污泥浓度检测(SS)	污泥界面检测	有机物污染物分析	蓝绿藻/叶绿素分析	无机离子检测	余氯分析
名　称			单位	消　耗　量						
人工	合计工日		工日	5.160	4.387	3.132	8.422	3.087	6.439	2.734
	其中	普工	工日	0.258	0.219	0.157	0.421	0.154	0.322	0.137
		一般技工	工日	4.128	3.510	2.505	6.738	2.470	5.151	2.187
		高级技工	工日	0.774	0.658	0.470	1.263	0.463	0.966	0.410
材料	位号牌		个	1.000	1.000	1.000	1.000	1.000	1.000	1.000
	其他材料费		%	5.00	5.00	5.00	5.00	5.00	5.00	5.00
仪表	铭牌打印机		台班	0.012	0.012	0.012	0.012	0.012	0.012	0.012
	多功能校验仪		台班	0.501	0.327	0.308	0.963	0.252	0.672	0.210
	手持式万用表		台班	0.858	0.561	0.528	1.650	0.432	1.152	0.360
	数字电压表		台班	0.715	0.468	0.440	1.375	0.360	0.960	0.300
	编程器		台班	0.624	—	—	1.200	—	0.576	—
	对讲机(一对)		台班	0.715	0.468	0.440	1.375	0.360	0.960	0.300

工作内容: 运输、取样、电极、探测器、传感器安装、数据处理及控制设备安装检查、
　　　　　调整、功能测试、系统试验。

计量单位:套

编　号			6-4-33	6-4-34	6-4-35	6-4-36	6-4-37	6-4-38	6-4-39
项　目			流动电流检测	游动电流检测(SCD)	硫化氢在线检测	水质浊度监测	溶解臭氧浓度检测	余臭氧检测	臭氧监测
名　称		单位	消　耗　量						
人工	合计工日	工日	5.336	6.306	5.545	3.616	2.073	3.021	7.541
	其中 普工	工日	0.267	0.315	0.277	0.181	0.104	0.151	0.377
	一般技工	工日	4.269	5.045	4.436	2.893	1.658	2.417	6.033
	高级技工	工日	0.800	0.946	0.832	0.542	0.311	0.453	1.131
材料	取源部件	套	—	—	—	(1.000)	—	—	—
	位号牌	个	1.000	1.000	1.000	1.000	1.000	1.000	1.000
	其他材料费	%	5.00	5.00	5.00	5.00	5.00	5.00	5.00
仪表	铭牌打印机	台班	0.012	0.012	0.012	0.012	0.012	0.012	0.012
	多功能校验仪	台班	0.462	0.554	0.722	0.385	0.210	0.315	0.840
	手持式万用表	台班	0.792	0.950	1.238	0.660	0.360	0.540	1.440
	数字电压表	台班	0.660	0.792	1.031	0.550	0.300	0.450	1.200
	编程器	台班	—	0.475	0.619	0.330	—	—	0.960
	对讲机(一对)	台班	0.660	0.792	1.031	0.550	0.300	0.450	1.200

工作内容: 运输、取样、电极、探测器、传感器安装、数据处理及控制设备安装检查、
　　　　　调整、功能测试、系统试验。

计量单位:套

编　号			6-4-40	6-4-41	6-4-42	6-4-43	6-4-44	6-4-45	6-4-46
项　目			氨气泄漏检测报警	二氧化氯泄漏检测报警	氯气泄漏检测报警	甲醇泄漏检测报警	紫外线强度在线检测	总氮分析	营养盐浓度监测
名　称		单位	消　耗　量						
人工	合计工日	工日	3.902	3.616	3.175	2.734	3.175	4.013	3.219
	其中 普工	工日	0.195	0.181	0.159	0.137	0.159	0.201	0.161
	一般技工	工日	3.122	2.893	2.540	2.187	2.540	3.210	2.575
	高级技工	工日	0.585	0.542	0.476	0.410	0.476	0.602	0.483
材料	位号牌	个	1.000	1.000	1.000	1.000	1.000	1.000	1.000
	其他材料费	%	5.00	5.00	5.00	5.00	5.00	5.00	5.00
仪表	铭牌打印机	台班	0.012	0.012	0.012	0.012	0.012	0.012	0.012
	多功能校验仪	台班	0.420	0.420	0.336	0.252	0.294	0.336	0.252
	手持式万用表	台班	0.720	0.720	0.576	0.432	0.504	0.576	0.432
	数字电压表	台班	0.600	0.600	0.480	0.360	0.420	0.480	0.360
	对讲机(一对)	台班	0.600	0.600	0.480	0.360	0.420	0.480	0.360

三、物性检测装置

工作内容: 准备、开箱清点、运输、安装、检查、调整。　　　　　　　　　　**计量单位:** 套

编　号				6-4-47	6-4-48	6-4-49	6-4-50	6-4-51	6-4-52	6-4-53
项　目				湿度分析	密度和比重测定	核辐射密度计	水分计	黏度测定		粉尘检测
								设备上安装	管道上安装	
名　称			单位	消　耗　量						
人工	合计工日		工日	3.824	4.993	6.764	6.814	8.732	8.578	5.712
	其中	普工	工日	0.191	0.250	0.338	0.341	0.437	0.429	0.286
		一般技工	工日	3.059	3.994	5.411	5.451	6.985	6.862	4.569
		高级技工	工日	0.574	0.749	1.015	1.022	1.310	1.287	0.857
材料	取源部件		套	—	(1.000)	—	—	(1.000)	(1.000)	—
	仪表接头		套	—	(1.000)	—	—	(1.000)	(1.000)	—
	警告牌		个	—	—	(1.000)	—	—	—	—
	细白布　宽 900mm		m	—	0.210	0.300	—	0.350	0.350	0.350
	位号牌		个	1.000	1.000	1.000	1.000	1.000	1.000	2.000
	其他材料费		%	5.00	5.00	5.00	5.00	5.00	5.00	5.00
仪表	铭牌打印机		台班	0.012	0.012	0.012	0.012	0.012	0.012	0.024
	多功能校验仪		台班	0.283	0.430	—	0.840	1.029	1.029	0.630
	高精度多功能过程校验仪		台班	—	—	—	0.280	—	—	—
	手持式万用表		台班	0.485	0.737	0.481	1.440	1.764	1.764	1.080
	数字电压表		台班	—	—	0.401	1.200	1.470	1.470	0.900
	接地电阻测试仪		台班	0.050	—	0.050	—	0.050	0.050	0.050
	对讲机(一对)		台班	0.404	0.614	0.401	1.200	1.470	1.470	0.900

四、特殊预处理装置

工作内容：准备、开箱清点、运输、安装、检查、调整。 计量单位：套

编　号				6-4-54	6-4-55	6-4-56	6-4-57	6-4-58	6-4-59	6-4-60
项　目				脏气取样	高温物质取样	重油分析取样	环境监测取样		腐蚀组分取样	高黏度脏物取样
							单点	多点		
名　称			单位	消　耗　量						
合计工日			工日	2.481	3.804	2.613	1.224	2.348	2.447	3.440
人工	其中	普工	工日	0.124	0.190	0.131	0.061	0.117	0.122	0.172
		一般技工	工日	1.985	3.043	2.090	0.979	1.879	1.958	2.752
		高级技工	工日	0.372	0.571	0.392	0.184	0.352	0.367	0.516
材料	细白布 宽 900mm		m	0.500	0.500	0.500	0.200	0.500	0.200	0.500
	位号牌		个	1.000	1.000	1.000	1.000	1.000	1.000	1.000
	其他材料费		%	5.00	5.00	5.00	5.00	5.00	5.00	5.00
仪表	铭牌打印机		台班	0.012	0.012	0.012	0.012	0.012	0.012	0.012

五、分析柜、室及附件安装

工作内容：开箱清点、运输、搬运、安装就位固定、接地、接管接线检查。　　　　　　　　　　**计量单位：**台

编　号			6-4-61	6-4-62	6-4-63	6-4-64
项　目			分析柜安装	分析小屋（安装高度 m）		取样冷却器安装
				3 以下	3 以上	
名　称		单位	消 耗 量			
人工	合计工日	工日	4.256	15.302	17.948	1.025
	其中　普工	工日	0.213	0.765	0.897	0.051
	其中　一般技工	工日	3.405	12.242	14.359	0.820
	其中　高级技工	工日	0.638	2.295	2.692	0.154
材料	仪表接头	套	—	—	—	（6.000）
	垫铁	kg	1.000	8.000	8.000	—
	接地线 5.5~16.0mm²	m	1.500	2.500	2.500	—
	不锈钢氩弧焊丝 1Cr18Ni9Ti ϕ3	kg	—	—	—	0.030
	氩气	m³	—	—	—	0.084
	铈钨棒	g	—	—	—	0.168
	细白布 宽 900mm	m	0.300	1.000	1.000	0.300
	清洗剂 500mL	瓶	0.300	1.000	1.000	0.200
	位号牌	个				6.000
	其他材料费	%	5.00	5.00	5.00	5.00
机械	汽车式起重机 25t	台班	0.100	0.600	—	—
	汽车式起重机 50t	台班	—	—	0.600	—
	载货汽车 - 普通货车 20t	台班	0.100	0.600	0.600	—
	氩弧焊机 500A	台班	—	—	—	0.050
仪表	铭牌打印机	台班	—	—	—	0.072
	手持式万用表	台班	0.268	0.945	1.121	—
	接地电阻测试仪	台班	0.050	0.050	0.050	—

六、气象环保监测系统

工作内容:清点、运输、安装固定、校接线、常规检查、单元检查、系统试验。　　　　　　　　　计量单位:套

编　号			单位	6-4-65	6-4-66	6-4-67	6-4-68	6-4-69	6-4-70	6-4-71	6-4-72
项　目				风向、风速	雨量	日照	飘尘	温湿度	露点	噪声	多参数气象环保监测系统
名　称			单位	消　耗　量							
人工	合计工日		工日	6.106	7.301	6.133	8.147	5.105	5.039	5.325	10.362
	其中	普工	工日	0.305	0.365	0.307	0.407	0.255	0.252	0.266	0.518
		一般技工	工日	4.885	5.841	4.906	6.518	4.084	4.031	4.260	8.290
		高级技工	工日	0.916	1.095	0.920	1.222	0.766	0.756	0.799	1.554
材料	细白布　宽 900mm		m	0.140	0.140	0.140	0.140	0.140	0.140	0.140	0.400
	位号牌		个	1.000	1.000	1.000	1.000	1.000	1.000	1.000	5.000
	其他材料费		%	5.00	5.00	5.00	5.00	5.00	5.00	5.00	5.00
仪表	铭牌打印机		台班	0.012	0.012	0.012	0.012	0.012	0.012	0.012	0.060
	精密交直流稳压电源		台班	0.245	0.398	0.300	0.421	0.274	0.216	0.176	—
	多功能信号校验仪		台班	0.318	0.398	0.300	0.421	0.274	0.216	0.176	0.538
	手持式万用表		台班	0.544	0.682	0.514	0.722	0.470	0.370	0.302	0.922
	数字电压表		台班	0.454	0.568	0.428	0.602	0.392	0.308	0.252	0.768
	兆欧表		台班	0.030	0.030	0.030	0.030	0.030	0.030	0.030	0.030
	对讲机(一对)		台班	0.454	0.568	0.428	0.602	0.392	0.308	0.252	0.768

第五章　安全、视频及控制系统

说　明

一、本章内容包括安全监测装置、工业电视和视频监控系统、远动装置、顺序控制装置、信号报警装置、数据采集及巡回检测报警装置。

1. 安全监测装置包括：可燃、有毒气体报警装置、火焰监视器、自动点火装置、燃烧安全保护装置、漏油检测装置、高阻检漏装置、粉尘布袋检漏装置。

2. 工业电视及视频监控系统包括：摄像机及附属设备、显示器和辅助设备安装试验，大屏幕显示墙和模拟屏安装、检查、试验，视频监控系统及设备安装、试验。大屏幕显示墙与模拟屏的区分：大屏幕显示墙主要用于过程监视系统，接收视频数字信号，使用计算机进行控制，显示图文信息、可外接 DVD 等设备，可全天候安装。模拟屏主要用于生产装置和能源管理、调度等，分散控制多路智能驱动盒，形成主从结构分布式控制，要求比较严格。模拟屏主要接收开关信号和数字信号，室内安装。

3. 远动装置包括：计算机数据处理、控制、采集、自诊断、打印功能、远动四遥（遥测、遥信、遥调、遥控）试验。

4. 顺序控制装置包括：继电联锁保护系统、逻辑监控装置、可编程逻辑监控装置安装试验。可编程逻辑控制器应执行本册工业计算机章节相关项目。

5. 信号报警装置包括：继电线路报警系统、微机多功能报警装置、闪光报警器、继电器箱、柜及报警装置组件、元件安装试验。

6. 数据采集及巡回报警装置试验。

二、本章包括以下工作内容：

技术机具准备、开箱、设备清点、搬运；单体调试、安装、固定、挂牌、校接线、接地、接地电阻测试、常规检查、系统模拟试验、配合单机试运转、记录整理，此外还包括以下内容：

1. 大屏幕显示墙和模拟屏配合安装，所有安装材料和设备由供货商提供，配合供货商试验，进行单元检查，逻辑预演和报警功能、微机闭锁功能等功能检查试验和系统试运行。

2. 远动装置包括：过程 I/O 点试验、信息处理、单元检查、基本功能（画面显示报警等）、设定功能测试、自检功能测试、打印、制表、遥测、遥控、遥信、遥调功能及接口模块测试；以远动装置为核心的被控与控制端及操作站监视、变换器及输出驱动继电器整套系统运行调整。

3. 顺序控制装置包括：联锁保护系统线路检查、设备元件检查调整；逻辑监控系统、输入输出信号检查、功能检查排错、设定动作程序；与其他专业配合进行联锁模拟试验及系统运行等。

4. 闪光报警装置包括：单元检查、功能检查、程序检查、自检、排错。

5. 火焰检测系统包括：探头、检出器、灭火保护电路安装调试。

6. 固定点火装置包括：电源、激磁、连接导线、火花塞安装；自动点火装置顺序逻辑控制和报警系统安装调试。

7. 可燃气体报警和多点气体报警包括探头和报警器整体安装、调试。

8. 继电器箱、柜安装、固定、校接线、接地及接地电阻测定。

9. 粉尘布袋检漏仪由外部设备、控制单元，传感器装置组成，包括安装，单元检查、系统调试。

三、本章不包括以下工作内容：

1. 计算机控制的机柜、台柜、外部设备安装。

2. 支架、支座制作安装执行本册第六章"综合自动化系统安装与试验"相关项目。

3. 为远动装置、信号报警装置、顺控装置、数据采集、巡回报警装置提供输入输出信号的现场仪表安装调试。

4. 漏油检测装置排空管、溢流管、沟槽开挖、水泥盖板制作安装、流入管埋设。

工程量计算规则

一、本章为成套装置,按"套"或"系统"为计量单位。

二、视频监控系统摄像机安装区分为通用摄像机、防爆摄像机、无线网络摄像机、水下安装摄像机,按"台"计算工程量。摄像机应与显示器及配置辅助设备组成一套。无线网络摄像机路由器和交换机安装执行本册工业计算机系统网络设备章节。

三、大屏幕显示墙和模拟屏工程量计算,大屏幕显示墙包括配合安装和试验按"m²"作为计量单位。模拟屏配合安装分为柜式和墙壁安装方式,包括校接线,按"m²"为计量单位,试验按输入点计算,分为20点以下、80点以下、120点以下、180点以下和每增4点计算,包括整套系统试验和运行。

四、信号报警装置中的闪光报警器按台件数计算工程量;微机多功能报警装置按组合或扩展的报警回路或报警点为一套计算工程量;单回路闪光报警器以事故接点按"点"作为计量单位,两点以上执行"每增一点"项目,工程量按实计算。

五、数据采集和巡回报警装置,以采集的过程输入点按"套"为计量单位。

六、远动装置工程量计算分别以过程点输入点和输出点的数量按"套"为计量单位,包括以计算机为核心的被控与控制端、操作站整套调试。

七、燃烧安全保护装置、火焰监视装置、漏油装置、高阻检漏装置及自动点火装置包括现场安装和成套调试,按"套"为计量单位。

八、在顺序控制中,继电联锁保护系统由接线连接,以事故接点数按"套"计算工程量,可编程逻辑监控装置和插件式逻辑监控装置带微芯片,是智能型的,采用软连接,按容量I/O点按"套"为计量单位,使用时应加以区分。

九、报警盘、点火盘箱安装及检查接线执行继电器箱盘;组件箱柜、机箱柜安装及检查接线执行本章规定计算工程量。

一、安全监测装置

工作内容:清点、单元检查、调整、安装、系统试验。 　　　　　　　　　　　　　　　　　　**计量单位:**套

编　号			6-5-1	6-5-2	6-5-3	6-5-4	6-5-5
项　目			可燃气体报警器	有毒气体报警装置	多点气体报警装置	火焰监视器	燃烧安全保护装置
名　称		单位	消　耗　量				
人工	合计工日		工日	1.625	1.812	2.722	3.646	7.128
	其中	普工	工日	0.081	0.091	0.136	0.182	0.356
		一般技工	工日	1.300	1.449	2.178	2.917	5.703
		高级技工	工日	0.244	0.272	0.408	0.547	1.069
材料	细白布 宽 900mm		m	0.100	0.100	0.100	0.200	0.200
	位号牌		个	1.000	1.000	1.000	1.000	1.000
	其他材料费		%	5.00	5.00	5.00	5.00	5.00
仪表	铭牌打印机		台班	0.012	0.012	0.012	0.012	0.012
	多功能信号校验仪		台班	0.368	0.420	0.637	—	—
	多功能校验仪		台班	—	—	—	0.695	1.492
	精密交直流稳压电源		台班	0.127	0.146	0.221	0.237	0.512
	精密标准电阻箱		台班	0.127	0.146	0.221	0.237	0.512
	电动综合校验台		台班	0.127	0.146	0.221	0.237	0.512
	手持式万用表		台班	0.368	0.420	0.637	0.695	1.492
	数字电压表		台班	0.234	0.267	0.405	0.442	0.947
	兆欧表		台班	—	—	—	0.030	0.030
	对讲机(一对)		台班	0.368	0.420	0.637	0.695	1.492

工作内容:清点、单元检查、调整、安装、系统试验。 计量单位:套

编　号			6-5-6	6-5-7	6-5-8	6-5-9	6-5-10
项　目			固定式点火装置	自动点火系统	漏油检测装置	高阻检漏装置	粉尘布袋检漏装置
名　称		单位	消　耗　量				
人工	合计工日	工日	4.581	7.268	4.067	4.324	6.825
	其中 普工	工日	0.229	0.363	0.203	0.216	0.341
	一般技工	工日	3.665	5.815	3.254	3.459	5.460
	高级技工	工日	0.687	1.090	0.610	0.649	1.024
材料	细白布 宽 900mm	m	0.200	0.200	0.300	0.100	0.250
	接地线 5.5~16.0mm²	m	—	—	—	—	1.000
	位号牌	个	1.000	1.000	1.000	1.000	1.000
	其他材料费	%	5.00	5.00	5.00	5.00	5.00
仪表	铭牌打印机	台班	0.012	0.012	0.012	0.012	0.012
	多功能校验仪	台班	1.100	1.564	0.918	1.096	1.279
	精密交直流稳压电源	台班	0.420	0.592	0.349	0.420	0.478
	手持式万用表	台班	1.100	1.564	0.918	1.096	1.279
	数字电压表	台班	0.699	0.993	0.583	0.696	0.812
	兆欧表	台班	0.030	0.030	0.030	0.030	0.030
	接地电阻测试仪	台班	0.050	0.050	0.050	0.050	0.050
	对讲机(一对)	台班	1.100	1.564	0.918	1.096	1.279

二、工业电视和视频监控系统

1. 工 业 电 视

工作内容: 清点、安装、接线、常规检查、单元检查、功能检查、挂牌。　　　　　　　　　　计量单位: 台

编　号				6-5-11	6-5-12	6-5-13	6-5-14	6-5-15	6-5-16	6-5-17
项　目				摄像机安装（高度　m 以下）						
				3	9	20	30	40	60	每增 1
名　称			单位	消 耗 量						
人工	合计工日		工日	0.740	0.792	0.938	1.001	1.096	1.180	0.033
	其中	普工	工日	0.037	0.040	0.047	0.050	0.055	0.059	0.002
		一般技工	工日	0.592	0.633	0.750	0.801	0.877	0.944	0.026
		高级技工	工日	0.111	0.119	0.141	0.150	0.164	0.177	0.005
材料	细白布　宽 900mm		m	0.100	0.100	0.150	0.200	0.200	0.200	—
	位号牌		个	1.000	1.000	1.000	1.000	1.000	1.000	—
	其他材料费		%	5.00	5.00	5.00	5.00	5.00	5.00	—
机械	平台作业升降车 9m		台班	0.080	0.080	—	—	—	—	—
仪表	铭牌打印机		台班	0.012	0.012	0.012	0.012	0.012	0.012	—
	手持式万用表		台班	0.021	0.021	0.021	0.021	0.021	0.021	—
	数字电压表		台班	0.013	0.013	0.013	0.013	0.013	0.013	—
	对讲机（一对）		台班	0.035	0.037	0.040	0.041	0.043	0.045	—

工作内容: 清点、安装、接线、常规检查、单元检查、功能检查、挂牌。　　　　　　　　计量单位:台

编　号			6-5-18	6-5-19	6-5-20	6-5-21	6-5-22
项　目			摄像机水下安装	防爆摄像机（高度 m）		无线网络摄像机（高度 m 以下）	
				20 以下	20 以上	9	每增 1
名　称		单位	消　耗　量				
人工	合计工日	工日	1.285	1.122	1.206	0.718	0.023
	其中 普工	工日	0.064	0.056	0.060	0.036	0.001
	一般技工	工日	1.028	0.898	0.965	0.574	0.019
	高级技工	工日	0.193	0.168	0.181	0.108	0.003
材料	细白布 宽 900mm	m	0.200	0.250	0.250	—	—
	位号牌	个	1.000	1.000	1.000	1.000	—
	其他材料费	%	5.00	5.00	5.00	5.00	5.00
机械	平台作业升降车 9m	台班	—	0.080	—	0.080	—
仪表	铭牌打印机	台班	0.012	0.012	0.012	0.012	—
	手持式万用表	台班	0.021	0.021	0.021	0.032	—
	数字电压表	台班	0.013	0.013	0.013	0.010	—
	多功能校验仪	台班	—	—	—	0.032	—
	笔记本电脑	台班	—	—	—	0.032	—
	对讲机（一对）	台班	0.047	0.043	0.045	0.046	—

工作内容: 清点、安装、接线、常规检查、单元检查、功能检查、挂牌。　　　　　　　　计量单位:台

工作内容:清点、安装、接线、常规检查、功能检查、挂牌。　　　　　　　　　　　　　　**计量单位:**台

编　号			6-5-23	6-5-24	6-5-25	6-5-26	6-5-27
项　目			摄像机附属设备安装				
			附照明	附吹扫装置	附冷却装置	防护罩	附电动转台
名　称		单位	消　耗　量				
人工	合计工日		工日	0.442	0.662	1.011	0.495	0.862
	其中	普工	工日	0.022	0.033	0.051	0.025	0.043
		一般技工	工日	0.354	0.530	0.808	0.396	0.690
		高级技工	工日	0.066	0.099	0.152	0.074	0.129
材料	仪表接头		套	—	（3.000）	（4.000）	—	—
	氧气		m³	—	0.078	0.104	—	—
	乙炔气		kg	—	0.030	0.040	—	—
	碳钢气焊条		kg	—	0.080	0.100	—	—
	细白布 宽 900mm		m	0.100	0.100	0.200	—	0.200
	聚四氟乙烯生料带		m	—	1.000	1.000	—	—
	其他材料费		%	5.00	5.00	5.00	5.00	5.00
仪表	手持式万用表		台班	0.046	—	—	—	0.110
	兆欧表		台班	—	—	—	—	0.030
	数字电压表		台班	—	—	—	—	0.110
	对讲机（一对）		台班	—	—	—	—	0.110

工作内容:清点、安装、接线、常规检查、功能检查、挂牌。

工作内容：技术准备、校接线、安装或配合安装、逻辑报警等功能检查、单元检查、试验和系统试运行。

编　号			6-5-28	6-5-29	6-5-30	6-5-31
项　目			显示器安装调试			大屏幕组合显示墙
			台装	棚顶吊装	盘装	
			台			m²
名　称		单位	消　耗　量			
人工	合计工日		工日	1.379	1.874	1.506	0.858
	其中	普工	工日	0.069	0.094	0.075	0.043
		一般技工	工日	1.103	1.499	1.205	0.686
		高级技工	工日	0.207	0.281	0.226	0.129
材料	接地线 5.5~16.0mm²		m	—	—	—	0.150
	清洁布 250×250		块	0.500	0.500	0.500	—
	细白布 宽 900mm		m	—	—	—	0.100
	其他材料费		%	5.00	5.00	5.00	5.00
仪表	电视信号发生器		台班	0.203	0.203	0.203	—
	精密交直流稳压电源		台班	0.150	0.150	0.150	—
	电动综合校验台		台班	0.150	0.150	0.150	—
	手持式万用表		台班	0.567	0.567	0.567	0.099
	数字电压表		台班	0.567	0.567	0.567	—
	接地电阻测试仪		台班	—	—	—	0.005
	笔记本电脑		台班	—	—	—	0.058
	对讲机（一对）		台班	0.523	0.534	0.524	0.058

工作内容:技术准备、校接线、安装或配合安装、逻辑报警等功能检查、单元检查、试验和系统试运行。

编 号			6-5-32	6-5-33	6-5-34	6-5-35	6-5-36	6-5-37	6-5-38
项 目			模拟屏装置安装		模拟屏装置试验（信号输入点以下）				
			柜式	壁式	20	80	120	180	每增4
			m²		套				点
名 称		单位	消 耗 量						
人工	合计工日	工日	0.655	0.675	0.765	3.061	4.592	6.886	0.138
	其中 普工	工日	0.033	0.034	0.038	0.153	0.230	0.344	0.007
	一般技工	工日	0.524	0.540	0.612	2.449	3.673	5.509	0.110
	高级技工	工日	0.098	0.101	0.115	0.459	0.689	1.033	0.021
材料	清洁布 250×250	块	1.000	1.000	—	—	—	—	—
	接地线 5.5~16.0mm²	m	0.500	0.150	—	—	—	—	—
	其他材料费	%	5.00	5.00	—	—	—	—	—
仪表	手持式万用表	台班	0.021	0.021	0.115	0.458	0.688	1.031	0.021
	数字电压表	台班	—	—	0.092	0.367	0.550	0.825	0.017
	多功能信号校验仪	台班	—	—	0.069	0.275	0.413	0.619	0.012
	笔记本电脑	台班	0.050	0.050	0.144	0.578	0.866	1.299	0.026
	接地电阻测试仪	台班	0.020	0.005	—	—	—	—	—
	对讲机（一对）	台班	0.010	0.010	0.144	0.578	0.866	1.299	0.026

工作内容:清点、安装、接线、常规检查、功能检查、挂牌。　　　　　　　　**计量单位:**台

编 号			6-5-39	6-5-40	6-5-41	6-5-42	6-5-43	6-5-44	6-5-45
项 目			辅助设备安装						
			操作器	2路分配器	6路分配器	补偿器	切换器	云台控制器	解码器
名 称		单位	消 耗 量						
人工	合计工日	工日	0.176	0.220	0.462	0.199	0.265	0.761	0.209
	其中 普工	工日	0.009	0.011	0.023	0.010	0.013	0.038	0.010
	一般技工	工日	0.141	0.176	0.370	0.159	0.212	0.609	0.168
	高级技工	工日	0.026	0.033	0.069	0.030	0.040	0.114	0.031
仪表	手持式万用表	台班	0.023	0.038	0.060	0.038	0.038	0.189	0.038
	数字电压表	台班	0.023	0.038	0.060	0.038	0.038	0.189	0.038
	对讲机（一对）	台班	0.021	0.035	0.055	0.035	0.035	0.173	0.035

2. 视频监控系统

工作内容:准备、单元检查、功能检查、系统试验。　　　　　　　　　　　　**计量单位:**台

编　号			6-5-46	6-5-47	6-5-48	6-5-49
项　目			视频监控计算机	矩阵切换器(路)		画面分割处理器
				4	每增4	
名　称		单位	消　耗　量			
人工	合计工日	工日	2.454	0.760	0.433	1.812
	其中　普工	工日	0.123	0.038	0.022	0.091
	一般技工	工日	1.963	0.608	0.346	1.449
	高级技工	工日	0.368	0.114	0.065	0.272
仪表	多功能校验仪	台班	1.013	—	—	—
	手持式万用表	台班	0.945	0.158	0.095	0.315
	数字电压表	台班	0.945	0.158	0.095	0.315
	对讲机(一对)	台班	0.750	0.125	0.075	0.250

工作内容:准备、单元检查、功能检查、系统试验。

编　号			6-5-50	6-5-51	6-5-52	6-5-53	6-5-54	6-5-55
项　目			视频监控系统调试(路)			投影显示器	视频录像(记录)装置	
			4	9	16		单路	多路
			套			台	套	
名　称		单位	消　耗　量					
人工	合计工日	工日	6.244	9.795	14.080	1.155	3.374	4.542
	其中　普工	工日	0.312	0.490	0.704	0.058	0.169	0.227
	一般技工	工日	4.995	7.836	11.264	0.924	2.699	3.634
	高级技工	工日	0.937	1.469	2.112	0.173	0.506	0.681
仪表	多功能校验仪	台班	1.261	1.979	2.844	—	—	—
	手持式万用表	台班	1.071	1.680	2.415	0.126	0.210	0.420
	数字电压表	台班	1.071	1.680	2.415	0.126	0.210	0.420
	对讲机(一对)	台班	0.850	1.333	1.917	0.100	0.167	0.333

三、远 动 装 置

工作内容: 常规检查、基本功能试验、接收功能试验、接口模块、通信功能、设定、
　　　　　打印、制表、系统运行、在线回路试验。

计量单位:套

	编　号		6-5-56	6-5-57	6-5-58	6-5-59	6-5-60
	项　目		遥测遥信 (输入 AI/DI/PI 点以下)				
			8	16	32	64	128
	名　称	单位	消　耗　量				
人工	合计工日	工日	5.302	8.164	13.104	18.672	23.633
	其中 普工	工日	0.265	0.408	0.655	0.934	1.182
	一般技工	工日	4.242	6.531	10.483	14.937	18.906
	高级技工	工日	0.795	1.225	1.966	2.801	3.545
仪表	多功能校验仪	台班	1.323	2.036	3.269	4.657	5.895
	手持式万用表	台班	1.852	2.851	4.576	6.520	8.253
	数字电压表	台班	1.587	2.444	3.922	5.589	7.074
	对讲机(一对)	台班	1.852	2.851	4.576	6.520	8.253

工作内容: 常规检查、基本功能试验、接收功能试验、接口模块、通信功能、设定、
　　　　　打印、制表、系统运行、在线回路试验。

计量单位:套

	编　号		6-5-61	6-5-62	6-5-63	6-5-64	6-5-65
	项　目		遥测遥信 (输入 AI/DI/PI 点以下)				
			256	320	400	512	每增 8
	名　称	单位	消　耗　量				
人工	合计工日	工日	28.795	32.641	37.006	42.747	0.331
	其中 普工	工日	1.440	1.632	1.850	2.137	0.017
	一般技工	工日	23.036	26.113	29.605	34.198	0.264
	高级技工	工日	4.319	4.896	5.551	6.412	0.050
仪表	多功能校验仪	台班	7.182	8.142	9.231	10.663	0.124
	手持式万用表	台班	10.055	11.399	12.923	14.928	0.115
	数字电压表	台班	8.619	9.770	11.077	12.795	0.099
	对讲机(一对)	台班	10.055	11.399	12.923	14.928	0.115

工作内容:常规检查、基本功能试验、发送功能试验、接口模块、通信功能、设定、
打印、制表、系统运行、在线回路试验。 计量单位:套

编　　号			6-5-66	6-5-67	6-5-68	6-5-69	6-5-70	6-5-71
项　　目			遥调遥控(输出 AO/DO 点以下)					
			4	8	16	32	64	80
名　　称		单位	消　耗　量					
人工	合计工日		工日	5.774	9.562	13.869	18.412	22.579	27.674
	其中	普工	工日	0.289	0.478	0.693	0.921	1.129	1.384
		一般技工	工日	4.619	7.650	11.096	14.729	18.063	22.139
		高级技工	工日	0.866	1.434	2.080	2.762	3.387	4.151
仪表	多功能校验仪		台班	1.440	2.385	3.460	4.592	5.632	6.903
	手持式万用表		台班	2.016	3.339	4.843	6.429	7.884	9.664
	数字电压表		台班	1.440	2.385	3.460	4.592	5.632	6.903
	对讲机(一对)		台班	2.016	3.339	4.843	6.429	7.884	9.664

四、顺序控制装置

工作内容：常规检查、校接线、继电线路检查、单元检查、功能检查试验、排错、程序
运行、系统模拟试验。

计量单位：套

编　号			6-5-72	6-5-73	6-5-74	6-5-75	6-5-76	6-5-77	6-5-78
项　目			继电联锁系统（事故点 点以下）		插件式逻辑监控装置（点以下）		可编程逻辑监控装置（I/O 点以下）		
			6	16	32	64	16	32	64
名　称		单位	消　耗　量						
人工	合计工日	工日	3.226	10.387	10.049	16.113	4.826	7.767	12.581
	其中 普工	工日	0.161	0.519	0.502	0.806	0.241	0.388	0.629
	一般技工	工日	2.581	8.310	8.040	12.890	3.861	6.214	10.065
	高级技工	工日	0.484	1.558	1.507	2.417	0.724	1.165	1.887
材料	接地线 5.5~16.0mm²	m	—	—	1.500	1.500	1.500	1.500	1.500
	真丝绸布 宽 900mm	m	0.050	0.080	—	—	—	—	—
	清洁布 250×250	块	—	—	1.000	1.000	1.000	1.000	1.000
	铁砂布 0#~2#	张	0.400	2.000	—	—	—	—	—
	线号套管（综合）	m	0.100	0.200	0.350	0.580	0.150	0.350	0.550
	酒精	kg	0.080	0.150	—	—	—	—	—
	其他材料费	%	5.00	5.00	5.00	5.00	5.00	5.00	5.00
仪表	线号打印机	台班	0.005	0.015	0.019	0.031	0.014	0.026	0.040
	多功能信号校验仪	台班	—	—	1.888	3.022	0.845	1.325	2.170
	手持式万用表	台班	0.684	2.228	1.948	3.118	0.872	1.367	2.238
	数字电压表	台班	0.489	1.592	1.199	1.919	0.536	0.841	1.377
	接地电阻测试仪	台班	—	—	0.050	0.050	0.050	0.050	0.050
	对讲机（一对）	台班	0.489	1.592	1.888	3.022	0.845	1.325	2.170

五、信号报警装置

工作内容： 校接线、线路检查、报警模拟试验、排错。　　　　　　　　　　　　　　计量单位：套

编　号				6-5-79	6-5-80	6-5-81	6-5-82	6-5-83
项　目				继电线路报警系统（报警点　点以下）				
				4	10	20	30	每增2
名　称			单位	消　耗　量				
人工	合计工日		工日	1.578	3.026	4.886	6.287	0.226
	其中	普工	工日	0.079	0.151	0.244	0.314	0.011
		一般技工	工日	1.262	2.421	3.909	5.030	0.181
		高级技工	工日	0.237	0.454	0.733	0.943	0.034
材料	真丝绸布　宽 900mm		m	0.040	0.070	0.100	0.150	0.010
	铜芯塑料绝缘电线　BV-1.5mm^2		m	0.500	1.000	2.000	3.000	0.500
	酒精		kg	0.050	0.100	0.250	0.400	0.030
	铁砂布　0$^\#$~2$^\#$		张	0.050	1.000	1.500	2.000	0.200
	线号套管（综合）		m	0.090	0.120	0.250	0.450	0.060
	其他材料费		%	5.00	5.00	5.00	5.00	5.00
仪表	线号打印机		台班	0.007	0.007	0.014	0.022	0.002
	精密交直流稳压电源		台班	0.163	0.362	0.564	0.697	0.017
	手持式万用表		台班	0.217	0.475	0.742	0.920	0.023
	数字电压表		台班	0.072	0.158	0.247	0.307	0.008
	对讲机（一对）		台班	0.199	0.435	0.681	0.844	0.021

工作内容: 安装、校接线、单元检查、功能测试、模拟试验、排错。　　　　　　　　　　　　计量单位:套

编　号				6-5-84	6-5-85	6-5-86	6-5-87
项　目				微机多功能组件式报警装置(报警点　点以下)			
				4	8	16	24
名　称			单位	消　耗　量			
人工	合计工日		工日	1.192	2.280	3.702	5.662
	其中	普工	工日	0.060	0.114	0.185	0.283
		一般技工	工日	0.953	1.824	2.962	4.530
		高级技工	工日	0.179	0.342	0.555	0.849
材料	铜芯塑料绝缘电线 BV–1.5mm^2		m	0.500	2.000	3.000	4.000
	接地线 5.5~16.0mm^2		m	1.000	1.500	1.500	1.500
	线号套管(综合)		m	0.040	0.100	0.180	0.260
	清洁布 250×250		块	0.500	1.000	1.000	1.000
	其他材料费		%	5.00	5.00	5.00	5.00
仪表	线号打印机		台班	0.020	0.039	0.068	0.124
	多功能信号校验仪		台班	0.185	0.352	0.563	0.818
	精密交直流稳压电源		台班	0.108	0.206	0.328	0.475
	电动综合校验台		台班	0.108	0.206	0.328	0.475
	手持式万用表		台班	0.176	0.336	0.536	0.779
	数字电压表		台班	0.117	0.224	0.357	0.520
	接地电阻测试仪		台班	0.050	1.050	2.050	3.050
	对讲机(一对)		台班	0.141	0.269	0.429	0.623

工作内容: 安装、校接线、单元检查、功能测试、模拟试验、排错。　　　　　　　　　　　　计量单位:套

工作内容: 安装、校接线、单元检查、功能测试、模拟试验、排错。 计量单位:套

编　号			6-5-88	6-5-89	6-5-90	6-5-91
项　目			微机多功能组件式报警装置(报警点 点以下)			
			40	48	64	容量扩展 (每增4)
名　称		单位	消　耗　量			
人工	合计工日		工日	8.287	9.540	13.000	0.632
	其中	普工	工日	0.414	0.477	0.650	0.032
		一般技工	工日	6.630	7.632	10.400	0.505
		高级技工	工日	1.243	1.431	1.950	0.095
材料	铜芯塑料绝缘电线 BV-1.5mm²		m	3.000	3.000	4.000	0.500
	接地线 5.5~16.0mm²		m	1.500	1.500	1.500	—
	线号套管(综合)		m	0.400	0.500	0.680	0.040
	清洁布 250×250		块	1.000	1.000	1.000	1.000
	其他材料费		%	5.00	5.00	5.00	5.00
仪表	线号打印机		台班	0.044	0.053	0.079	0.002
	多功能信号校验仪		台班	1.465	1.658	2.172	0.133
	精密交直流稳压电源		台班	0.640	0.723	0.942	0.059
	电动综合校验台		台班	0.640	0.723	0.942	0.059
	手持式万用表		台班	1.059	1.199	1.570	0.096
	数字电压表		台班	0.883	0.999	1.309	0.080
	接地电阻测试仪		台班	0.050	0.050	0.050	—
	对讲机(一对)		台班	0.847	0.959	1.256	0.077

工作内容：安装、校接线、单元检查、功能测试、模拟试验、排错。　　　　　　　　　　　　计量单位：套

编　号			6-5-92	6-5-93	6-5-94	6-5-95
项　目			微机自容式报警装置（12点）	单回路闪光报警器（报警回路或点）		八回路闪光报警器
				1	每增1	
名　称		单位	消　耗　量			
人工	合计工日	工日	5.441	0.345	0.119	1.560
	其中 普工	工日	0.272	0.017	0.006	0.078
	一般技工	工日	4.353	0.276	0.095	1.248
	高级技工	工日	0.816	0.052	0.018	0.234
材料	铜芯塑料绝缘电线 BV-1.5mm^2	m	1.000	1.000	0.050	3.000
	接地线 5.5~16.0mm^2	m	1.500	—	—	—
	线号套管（综合）	m	0.300	0.060	0.040	0.200
	清洁布 250×250	块	1.000	—	—	0.100
	其他材料费	%	5.00	5.00	5.00	5.00
仪表	线号打印机	台班	0.027	0.001	0.001	0.008
	多功能信号校验仪	台班	1.082	—	—	—
	精密交直流稳压电源	台班	0.389	0.026	0.005	0.108
	电动综合校验台	台班	0.389	0.026	0.005	0.108
	接地电阻测试仪	台班	0.050	—	—	—
	手持式万用表	台班	0.901	0.061	0.012	0.251
	数字电压表	台班	0.721	0.049	0.010	0.201
	对讲机（一对）	台班	0.721	0.058	0.012	0.241

工作内容：准备、搬运、安装、检查、校接线、接地、试验。 计量单位：台（个）

编　号			6-5-96	6-5-97	6-5-98	6-5-99	6-5-100	6-5-101
项　目			报警装置柜、箱及组件、元件					
			继电器柜安装	继电器箱安装	组件机箱	电源装置	可编程多音蜂鸣器	报警器、音响元件
名　称		单位	消　耗　量					
人工		合计工日	工日	5.560	3.477	1.334	1.013	1.036	0.274
	其中	普工	工日	0.278	0.174	0.067	0.051	0.052	0.014
		一般技工	工日	4.448	2.781	1.067	0.810	0.829	0.219
		高级技工	工日	0.834	0.522	0.200	0.152	0.155	0.041
材料		垫铁	kg	1.500	—	—	—	—	—
		铜芯塑料绝缘电线 BV-1.5mm²	m	8.000	4.000	1.000	4.000	2.000	1.000
		接地线 5.5~16.0mm²	m	1.500	1.500	1.500	1.500	—	—
		线号套管（综合）	m	1.000	0.500	0.100	0.080	0.100	0.050
		真丝绸布 宽 900mm	m	0.100	0.100	0.100	0.050	0.050	0.030
		酒精	kg	0.300	0.100	0.200	—	—	—
		位号牌	个	—	1.000	—	1.000	1.000	1.000
		其他材料费	%	5.00	5.00	5.00	5.00	5.00	5.00
仪表		铭牌打印机	台班	—	0.012	—	0.012	0.012	0.012
		线号打印机	台班	0.093	0.058	0.022	0.017	0.007	0.004
		精密交直流稳压电源	台班	—	—	—	—	0.150	0.009
		电动综合校验台	台班	—	—	—	—	0.150	0.009
		手持式万用表	台班	0.112	0.070	0.027	0.020	0.171	0.015
		数字电压表	台班	0.075	0.047	0.018	0.014	0.114	0.010
		兆欧表	台班	0.030	0.030	—	0.030	—	—
		接地电阻测试仪	台班	0.050	0.050	0.050	0.050	—	—
		对讲机（一对）	台班	—	—	—	—	0.137	0.012

六、数据采集及巡回检测报警装置

工作内容: 安装、固定、单元检查、功能检查、系统试验。　　　　　　　　　　计量单位:套

编　号			6-5-102	6-5-103	6-5-104	6-5-105
项　目			过程点（I/O 点以下）			
			20	40	60	100
名　称		单位	消　耗　量			
人工	合计工日	工日	2.085	2.945	3.085	4.499
	其中 普工	工日	0.104	0.147	0.154	0.225
	一般技工	工日	1.668	2.356	2.468	3.599
	高级技工	工日	0.313	0.442	0.463	0.675
仪表	多功能校验仪	台班	0.522	0.795	0.839	1.288
	精密交直流稳压电源	台班	0.208	0.318	0.336	0.518
	电动综合校验台	台班	0.138	0.212	0.224	0.345
	数字电压表	台班	0.522	0.795	0.839	1.288
	手持式万用表	台班	0.522	0.795	0.839	1.288
	对讲机（一对）	台班	0.719	1.016	1.064	1.552

工作内容：安装、固定、单元检查、功能检查、系统试验。　　　　　　　　　　　　　计量单位：套

编　号				6-5-106	6-5-107	6-5-108	6-5-109
项　目				过程点（I/O 点以下）			
				200	300	400	600
名　称			单位	消　耗　量			
人工	合计工日		工日	5.901	7.655	11.716	15.426
	其中	普工	工日	0.295	0.383	0.586	0.771
		一般技工	工日	4.721	6.124	9.373	12.341
		高级技工	工日	0.885	1.148	1.757	2.314
仪表	多功能校验仪		台班	1.907	2.519	3.937	5.233
	精密交直流稳压电源		台班	0.698	0.923	1.444	1.920
	电动综合校验台		台班	0.512	0.677	1.059	1.408
	手持式万用表		台班	1.907	2.519	3.937	5.233
	数字电压表		台班	1.362	1.799	2.812	3.738
	对讲机（一对）		台班	1.866	2.421	3.705	4.879

第六章　综合自动化系统安装与试验

说　明

一、本章内容包括：综合自动化系统安装、管理系统试验、远程监控和数据采集系统试验、综合控制系统硬件检查试验、综合控制系统软件功能试验。

1. 综合自动化系统安装包括：机柜、台柜、外部设备安装、网络设备安装。

2. 管理系统试验包括：经营管理计算机硬件及软件功能试验、过程监控计算机硬件调试和软件功能试验。

3. 远程监控和数据采集系统试验包括：监控中心、监控和数据采集站点。

4. 综合控制系统硬件检查试验包括：固定和可编程仪表安装试验、现场总线仪表安装试验；控制站、数据采集站、监视站、可编程逻辑控制器、工程技术站、操作站、双机切换装置硬件检查试验。

5. 综合控制系统软件功能试验包括：集散控制系统（DCS）试验、可编程逻辑控制器（PLC）试验、仪表安全系统（SIS）试验、工控计算机（IPC）系统检查试验、现场总线试验、网络系统检查测试、综合控制系统与其他设备接口试验、在线回路试验。

二、本章包括以下工作内容：

1. 综合控制系统机柜安装包括：准备、开箱、清点、运输、就位、设备元件检查、风机温控，电源部分检查，自检及校接线、外部设备功能测试、接地、安装检查记录等。

2. 管理系统调试：硬件检查试验包括技术准备、常规检查、输入输出通道检查；软件试验包括软件装载、复原、时钟调整和中断检查、功能检查处理、保护功能及可靠性、可维护性检查和综合检查；此外，还包括生产计划平衡、物料跟踪。生产实绩信息、调度指挥、仓库管理、技术信息、指令下达、管理优化及通信功能等；主程序及子程序运行、测试、排错、检查试验记录。

3. 监控计算机系统：硬件试验包括系统装载、复原、常规检查、可靠可维护性、与上级及基础自动化接口模块检查等；软件系统包括生产数据信息处理、数据库管理、生产过程监控、数学模型实现、生产实绩、故障自诊及排障、质量保证、最优控制实现和实时运行、排错。

4. 综合控制系统硬件检查试验包括：常规检查、通电状态检查、显示记录控制仪表调试等。

5. 综合控制系统软件检查试验包括：程序装载、输入输出插卡校准和试验、操作功能、组态内容或程序检查、应用功能检查、冗余功能、控制方案、离线系统试验。

6. 网络系统试验包括：参数设置、安全设置、维护功能、传输距离、冗余功能、优先权通信试验、接口、总线服务器、网桥、总线电源、电源阻抗器、网络系统联校等。无线数据传输网络试验内容主要测试无线网络信号测控点的连接、信号接收和发送、信号抗干扰性能，数据包是否丢失等功能。

7. 在线回路试验包括：现场加信号经安全栅至基础自动化装置进行控制、操作、显示静态模拟试验。

三、本章不包括以下工作内容：

1. 支架、支座、基础安装与制作。

2. 控制室空调、照明和防静电地板安装、场地消磁。

3. 软件生成或系统组态。

4. 设备因质量问题的修、配、改。

工程量计算规则

一、综合控制系统硬件标准机柜尺寸为（600~900）mm×800mm×（2 000~2 200）mm（宽×深×高）以内，其他为非标准。非标准机柜按半周长"m"为计量单位。操作显示台柜为大尺寸专用台柜，包括台上计算机及附件，工控计算机台柜为普通操作台，安装包括台上 PC 计算机。

二、综合控制系统应是合格的硬件和成熟的软件，对拆除再安装的旧设备安装试验应另计工程量。

三、综合控制系统硬件检查按"台"计算；软件调试以过程点为步距，按"套"为计量单位。DCS 分为过程控制点（信息输出）和数据采集（信息输入）。过程控制按 DCS 的信息输出（OUTPUT）为一套计算，数据采集和过程监视按 DCS 的信息输入（INPUT）为一套计算；可编程逻辑控制器（PLC）按 I/O 点的数量为一套系统计算，工控计算机 IPC 系统试验按一个独立的 IPC 系统 I/O 点的数量计算。

四、FCS 是以现场总线系统为核心的控制系统，工程量计算按总线所带节点数计算，按"套"作为计量单位。节点数为总线控制系统所涵盖的现场设备的台数。总线仪表按"台件"计算工程量，包括安装、单体调试、系统调试。凡可挂在现场总线上，并与之通信的智能仪表，均可以作为总线上的网络节点。

五、网络系统检查试验：以进行通信的信息"节点数"为步距，按"套"为计量单位。工程量计算应按系统配置情况，所共享的通信网络为一套计算，范围包括每套通信网络所能覆盖的最大距离和所能连接的最大节点数。节点指进行通信的站、设备、装置、终端等。现场总线系统网络按本章说明和所列项计算。信息传输网络硬件为双绞线、同轴电缆、光纤电缆，安装执行本册线路安装、测试项目。

六、无线数据传输网络为无线局域网，用于工业自动化系统，采用无线电台组网方式，实现远程数据采集、监视与控制。无线数据传输距离划分 3km 以内和 3km 以外，按"站"为一套作为计量单位，"站"指无线电台，工程量计算按一个无线电台为 1 套站。无线电台、无线电台天线安装及试验执行第八章"自动化线路、通信"相关项目。

七、在线回路试验划分为模拟量 I/O 点、数字量 I/O 点、脉冲 PI/PO 点，按过程"点"作为计量单位。无线信号回路试验是按"测控点"为计量单位。测控点可以是 PLC、RTU 装置或其他智能仪表等。

八、经营管理计算机和监控计算机包括硬件和软件试验，工程量计算按所带终端数计算。终端是指智能设备、装置或系统，打印机、拷贝机等不作为终端。

九、与其他设备接口试验指与上位机、系统或装置的接口试验，按一套系统或装置作为单位。未列项目的作为其他装置计算工程量，按过程 I/O 点计算。

十、综合自动化系统安装试验项目使用说明：

1. 综合自动化系统安装试验计算工程量时应按所承担的工作内容选取。

2. 在线回路试验是指在现场加模拟信号经安全栅至控制室进行的静态模拟回路试验。

3. DCS 主要用于模拟量的连续多功能控制，并包括顺控功能。

4. PLC 主要用于顺序控制，目前 PLC 也具有 DCS 功能，并且两者功能相互结合。工程量计算仍以 PLC 的主要功能为基准，执行 PLC 项目。

5. IPC 系统是运行在 WindowsNT 的环境下的独立控制系统，具有广泛的软硬件支持，系统构成灵活，工程量计算按过程 I/O 点。IPC 系统试验适用于直接数字控制系统（DDC）试验。

6. 现场总线 FCS 是基金会现场总线（FF），按"套"以节点数计算工程量。FF 现场总线按传输速率不同，有两种物理层标准，定额按 32 节点和 124 节点以下区分，节点为总线仪表或其他智能设备。现场总线控制系统试验内容包括服务器和网桥功能，可接局域网，并通过网桥互联。现场总线仪表具有网络主站的功能、PID 功能并兼有通信等多种功能，与智能仪表不同，是小型计算机，安装和试验按"台"为计量计算。

7.远程监控和数据采集系统是独立系统,以 SCADA 系统作为编制依据,包括三大部分:

(1)分布式数据采集系统(下位机系统),即现场控制站点;

(2)监控中心(包括服务器、工程师站、操作员站、Web 服务器等);

(3)数据通信网络,包括上位机网络、下位机网络、上下位之间联系的网络。

远程监控和数据采集容量有大小,工程量计算应按上位机的数量和下位机的数量计算,上位机为监控中心,一个监控中心和所覆盖的下位机为一个系统。下位机按控制站点作为计量单位。下位机指 RTU、PLC、DCS、FCS、可编程仪表或智能仪表等。远程终端 RTU 试验执行本册远动装置项目。

8. SCADA 与 DCS 和 PLC 使用的不同点在于:SCADA 软件、硬件由不同厂家的产品构建起来的,不是某一家的产品,是各用户集成的,测控点很分散,采集数据范围广,数字量采集大,控制要求不大,特指远程分布计算机测控系统。DCS 和 PLC 由不同厂商开发的产品,用于要求较高的过程控制和逻辑监控系统,可以作为 SCADA 的下位机。

9.SCADA 与工业监控计算机区分:工业监控计算机系统主要用于过程控制的优化,是 DCS 多级控制的上位机。工程量计算应区分开。

10.仪表安全系统(SIS)是三重化(冗余)安全系统(或称紧急停车系统 ESD),是独立的系统,用于监控生产安全,按"套"为计量单位,按过程(I/O 点)计算工程量。其他,如储运监控(OMS)、压缩机组控制系统(CCS)、大型机组状态监测系统(MMS)、仪表设备管理系统(AMS)等独立的系统,都可以作为 DCS 子系统,计算接口试验,其硬件安装、硬件、软件试验可执行 PLC 或 DCS 相关项目。

十一、本章所列的安装试验工作内容不包括设计或开发商的现场服务。

一、综合自动化系统安装

1. 机柜、台设备安装

工作内容: 清点、运输、安装就位、接地、绝缘电阻测定、安全防护、设备元件检查及校接线。

编　号		单位	6-6-1	6-6-2	6-6-3	6-6-4	6-6-5	6-6-6	6-6-7
项　目			标准系统柜	非标准系统柜	一体化操作显示报警台柜	工控机及台柜	插卡柜	编组柜	机柜底座
			台	半周长 m	台				m
名　称		单位	消　耗　量						
人工	合计工日	工日	6.263	5.733	6.483	1.059	6.175	10.672	0.245
	其中　一般技工	工日	1.566	1.433	1.621	0.265	1.544	2.668	0.061
	高级技工	工日	4.697	4.300	4.862	0.794	4.631	8.004	0.184
材料	基础槽(角)钢	m	—	—	—	—	—	—	(1.050)
	垫铁	kg	1.000	0.600	1.200	—	1.000	1.000	1.000
	电焊条 L-60 φ3.2	kg	—	—	—	—	—	—	0.100
	酚醛防锈漆	kg	—	—	—	—	—	—	0.200
	酚醛调和漆	kg	—	—	—	—	—	—	0.150
	接地线 5.5~16.0mm²	m	3.000	1.500	3.000	1.000	1.000	1.000	—
	软橡胶板	m²	0.800	0.600	0.800	—	0.800	0.800	—
	细白布 宽 900mm	m	0.100	0.100	0.100	0.200	0.200	0.200	—
	铁砂布 0#~2#	张	0.500	0.500	1.000	—	1.000	1.000	1.000
	清洁剂	kg	0.200	0.150	0.500	0.500	—	—	—
	线号套管(综合)	m	0.100	0.100	0.100	0.100	0.300	1.000	—
	标签纸(综合)	m	0.200	0.100	0.200	0.100	0.200	0.600	—
	麻绳 φ12	m	1.100	1.000	1.100	—	1.100	1.100	—
	塑料布	m²	4.000	4.000	4.000	2.000	4.000	4.000	—
	其他材料费	%	5.00	5.00	5.00	5.00	5.00	5.00	5.00
机械	弧焊机 20kV·A	台班	—	—	—	—	—	—	0.024
	载货汽车-普通货车 15t	台班	0.120	0.120	0.100	0.050	0.120	0.120	—
	汽车式起重机 25t	台班	0.120	0.120	0.100	—	0.120	0.120	—
	叉式起重机 5t	台班	0.200	0.200	0.050	—	0.200	0.200	—
仪表	线号打印机	台班	0.100	0.100	0.100	0.100	0.100	0.200	—
	手持式万用表	台班	0.685	0.635	0.710	0.108	0.675	1.185	—
	兆欧表	台班	0.030	0.030	0.030	0.030	0.030	0.030	—
	数字电压表	台班	0.137	0.127	0.142	0.022	0.135	0.237	—
	接地电阻测试仪	台班	0.050	0.050	0.050	0.050	0.050	0.050	—

2. 外部设备安装试验

工作内容: 清点、安装、接线、自检、测试。 计量单位:台

编　号			6-6-8	6-6-9	6-6-10	6-6-11	6-6-12
项　目			打印机		彩色硬拷贝机	打印机、拷贝机选择器	扫描、传真、刻录机
			台式	柜式			
名　称		单位	消　耗　量				
人工	合计工日		工日	0.300	0.309	0.209	0.155	0.243
	其中	一般技工	工日	0.075	0.077	0.052	0.039	0.061
		高级技工	工日	0.225	0.232	0.157	0.116	0.182
材料	接地线 5.5~16.0mm²		m	1.500	1.500	1.500	—	1.500
	清洁布 250×250		块	1.000	1.000	1.000	0.500	1.000
	清洁剂		kg	0.100	0.100	0.100	—	0.100
	复印纸 A4 500 张/包		包	0.100	0.100	0.100	—	0.040
	其他材料费		%	5.00	5.00	5.00	5.00	5.00
仪表	手持式万用表		台班	0.027	0.028	0.019	0.014	0.022
	数字电压表		台班	0.014	0.014	0.010	0.007	0.011

工作内容: 清点、安装、接线、自检、测试。 计量单位:台

编　号			6-6-13	6-6-14	6-6-15	6-6-16	6-6-17
项　目			编程器组态器	硬盘阵列柜安装		光盘库	显示器
				柜式	台式		
名　称		单位	消　耗　量				
人工	合计工日		工日	0.155	1.036	0.749	0.331	0.309
	其中	一般技工	工日	0.039	0.259	0.187	0.083	0.077
		高级技工	工日	0.116	0.777	0.562	0.248	0.232
材料	接地线 5.5~16.0mm²		m	—	1.500	1.500	1.500	—
	清洁布 250×250		块	0.500	1.000	1.000	1.000	1.000
	清洁剂		kg	—	0.200	0.200	0.100	0.100
	其他材料费		%	5.00	5.00	5.00	5.00	5.00
机械	载货汽车 – 普通货车 4t		台班	—	0.040	0.040	0.040	0.020
	手动液压叉车		台班	—	0.020	0.020	—	—
仪表	手持式万用表		台班	0.014	0.094	0.068	0.030	0.028
	数字电压表		台班	0.007	0.047	0.034	0.015	0.014

3. 网络设备安装试验

工作内容: 清点、安装、校接线、常规检查、硬件检查、测试。　　　　　　　　　　　　　　　**计量单位:** 台

编　号			6-6-18	6-6-19	6-6-20	6-6-21	6-6-22	6-6-23
项　目			服务器	交换机	路由器	无线路由器	网桥	无线网桥
名　称		单位	消　耗　量					
人工	合计工日	工日	2.823	1.168	0.264	0.297	0.276	0.320
	其中 一般技工	工日	0.706	0.292	0.066	0.074	0.069	0.080
	高级技工	工日	2.117	0.876	0.198	0.223	0.207	0.240
仪表	手持式万用表	台班	0.352	0.146	0.033	0.037	0.034	0.040
	数字电压表	台班	0.352	0.146	0.033	—	0.034	—
	笔记本电脑	台班	0.141	0.058	0.013	0.030	0.014	0.016

工作内容: 清点、安装、校接线、常规检查、硬件检查、测试。　　　　　　　　　　　　　　　**计量单位:** 台

编　号			6-6-24	6-6-25	6-6-26	6-6-27	6-6-28	6-6-29
项　目			中继器	无线同步模块	网卡	无线网卡	调制解调器	无线调制解调器
名　称		单位	消　耗　量					
人工	合计工日	工日	0.199	0.297	0.077	0.099	0.072	0.083
	其中 一般技工	工日	0.050	0.074	0.019	0.025	0.018	0.021
	高级技工	工日	0.149	0.223	0.058	0.074	0.054	0.062
仪表	手持式万用表	台班	0.025	0.037	0.014	—	0.012	—
	数字电压表	台班	0.025	0.037	0.006	—	0.005	—
	笔记本电脑	台班	0.010	0.030	—	0.015	—	0.008

二、管理系统试验

1. 管理系统硬件和软件功能试验

工作内容: 常规检查、硬件检查、单元检查、功能测试、程序运行、测试、排错。　　　　　　　　**计量单位:套**

编　号			6-6-30	6-6-31	6-6-32	6-6-33	6-6-34	6-6-35	6-6-36
项　目			管理系统硬件和软件功能试验(终端)						
			5以下	8以下	12以下	15以下	20以下	25以下	25以上
名　称		单位	消　耗　量						
人工	合计工日	工日	29.437	42.336	53.747	64.331	75.245	89.468	105.013
	其中 一般技工	工日	7.359	10.584	13.437	16.083	18.811	22.367	26.253
	高级技工	工日	22.078	31.752	40.310	48.248	56.434	67.101	78.760
仪表	多功能校验仪	台班	2.670	3.840	4.875	5.835	6.825	8.115	9.525
	编程器	台班	1.780	2.560	3.250	3.890	4.550	5.410	6.350
	手持式万用表	台班	3.560	5.120	6.500	7.780	9.100	10.820	12.700
	数字电压表	台班	2.670	3.840	4.875	5.835	6.825	8.115	9.525

2. 过程监控系统硬件和软件功能试验

工作内容: 单元检查调整、功能试验、测试、排错、系统试验、运行。　　　　　　　　**计量单位:套**

编　号			6-6-37	6-6-38	6-6-39	6-6-40
项　目			硬件试验	软件功能试验(终端以下)		
				5	8	12
名　称		单位	消　耗　量			
人工	合计工日	工日	16.537	23.483	33.571	44.485
	其中 一般技工	工日	4.134	5.871	8.393	11.121
	高级技工	工日	12.403	17.612	25.178	33.364
仪表	多功能校验仪	台班	3.000	4.260	6.090	8.070
	手持式万用表	台班	1.500	2.130	3.045	4.035
	数字电压表	台班	2.200	3.124	4.466	5.918
	对讲机(一对)	台班	3.500	4.970	7.105	9.415

工作内容：单元检查调整、功能试验、测试、排错、系统试验、运行。　　　　　　　　　　　计量单位：套

	编　号		6-6-41	6-6-42	6-6-43	6-6-44	6-6-45
	项　目		软件功能试验（终端以下）				
			15	20	25	30	每增1
	名　称	单位	消　耗　量				
人工	合计工日	工日	55.567	65.323	75.080	90.295	1.224
	其中　一般技工	工日	13.892	16.331	18.770	22.574	0.306
	高级技工	工日	41.675	48.992	56.310	67.721	0.918
仪表	多功能校验仪	台班	10.080	11.850	13.620	16.380	0.222
	手持式万用表	台班	5.040	5.925	6.810	8.190	0.111
	数字电压表	台班	7.392	8.690	9.988	12.012	0.163
	对讲机（一对）	台班	11.760	13.825	15.890	19.110	0.259

三、远程监控和数据采集系统试验

工作内容：程序装载、操作功能、输入输出插卡校准和试验、组态内容或程序检查、
　　　　　　应用功能检查、冗余功能、控制功能、系统试验。　　　　　　　　计量单位：套

	编　号		6-6-46	6-6-47	6-6-48	6-6-49	6-6-50
	项　目		监控中心	监控和采集站（点以下）			
				8	12	16	32
	名　称	单位	消　耗　量				
人工	合计工日	工日	11.900	4.788	8.104	12.645	17.412
	其中　一般技工	工日	2.975	1.197	2.026	3.161	4.353
	高级技工	工日	8.925	3.591	6.078	9.484	13.059
仪表	多功能校验仪	台班	2.159	0.869	1.470	2.294	3.159
	手持式万用表	台班	2.159	0.869	1.470	2.294	3.159
	数字电压表	台班	1.619	0.651	1.103	1.720	2.369
	编程器	台班	2.159	0.869	1.470	2.294	3.159
	对讲机（一对）	台班	2.159	0.869	1.470	2.294	3.159

工作内容： 程序装载、操作功能、输入输出插卡校准和试验、组态内容或程序检查、

应用功能检查、冗余功能、控制功能、系统试验。 计量单位：套

编 号			6-6-51	6-6-52	6-6-53	6-6-54
项 目			监控和采集站（点以下）			
			50	80	120	每增1
名 称		单位	消 耗 量			
人工	合计工日		工日	23.444	32.117	41.047	0.208
	其中	一般技工	工日	5.861	8.029	10.262	0.052
		高级技工	工日	17.583	24.088	30.785	0.156
仪表	多功能校验仪		台班	4.253	5.826	7.446	0.038
	手持式万用表		台班	4.253	5.826	7.446	0.038
	数字电压表		台班	3.190	4.370	5.585	0.028
	编程器		台班	4.253	5.826	7.446	0.038
	对讲机（一对）		台班	4.253	5.826	7.446	0.038

四、综合控制系统硬件检查试验

1.固定和可编程仪表安装试验

工作内容： 安装、硬件检查、编程、组态校对、排错、回路试验。 计量单位：台

编 号			6-6-55	6-6-56	6-6-57	6-6-58	6-6-59	6-6-60
项 目			固定程序单回路调节器	可编程仪表				
				单回路调节器	运算器	记录仪	选择调节器	多回路调节器
名 称		单位	消 耗 量					
人工	合计工日		工日	3.412	4.839	3.389	3.903	7.480	9.957
	其中	一般技工	工日	0.853	1.210	0.847	0.976	1.870	2.489
		高级技工	工日	2.559	3.629	2.542	2.927	5.610	7.468
材料	清洁布 250×250		块	0.400	0.400	0.400	0.400	0.400	0.500
	其他材料费		元	5.00	5.00	5.00	5.00	5.00	5.00
仪表	多功能校验仪		台班	0.567	0.847	0.566	0.669	1.360	1.828
	精密交直流稳压电源		台班	0.425	0.635	0.425	0.502	1.020	1.371
	编程器		台班	0.283	0.423	0.283	0.334	0.680	0.914
	手持式万用表		台班	0.567	0.847	0.566	0.669	1.360	1.828
	数字电压表		台班	0.378	0.564	0.378	0.446	0.907	1.219
	对讲机（一对）		台班	0.283	0.423	0.283	0.334	0.680	0.914

2. 现场总线仪表安装试验

工作内容：安装、硬件检查、编程、组态校对、排错、回路试验。　　　　　　　　　　　**计量单位：**台

编　号			6-6-61	6-6-62	6-6-63	6-6-64	6-6-65
项　目			现场总线仪表				
			压力控制器	差压控制器	温度变送控制器	光电转换器	电流转换器
名　称		单位	消　耗　量				
人工	合计工日	工日	6.053	7.947	3.389	1.425	0.959
	其中 一般技工	工日	1.513	1.987	0.847	0.356	0.240
	高级技工	工日	4.540	5.960	2.542	1.069	0.719
材料	清洁布 250×250	块	0.400	0.400	0.400	0.200	0.200
	位号牌	个	1.000	1.000	1.000	—	—
	其他材料费	%	5.00	5.00	5.00	5.00	5.00
仪表	铭牌打印机	台班	0.012	0.012	0.012	—	0.012
	多功能校验仪	台班	0.982	1.282	0.515	0.235	0.150
	精密交直流稳压电源	台班	0.460	0.600	0.240	0.110	0.070
	编程器	台班	0.460	0.600	0.240	0.110	0.070
	手持式万用表	台班	0.982	1.282	0.515	0.235	0.150
	数字电压表	台班	0.737	0.961	0.386	0.176	0.112
	对讲机（一对）	台班	0.982	1.282	0.515	0.235	0.150

工作内容: 安装、硬件检查、编程、组态校对、排错、回路试验。　　　　　　　　　　　　　　　　**计量单位:** 台

编　号			6-6-66	6-6-67	6-6-68	6-6-69	6-6-70	6-6-71
项　目			现场总线仪表					
			气动转换器	阀门定位器	电动执行器	变频变速驱动装置	总线安全栅	集线箱
名　称		单位	消　耗　量					
人工	合计工日	工日	1.952	3.436	6.591	9.163	0.269	0.351
	其中 一般技工	工日	0.488	0.859	1.648	2.291	0.067	0.088
	高级技工	工日	1.464	2.577	4.943	6.872	0.202	0.263
材料	清洁布 250×250	块	0.300	0.300	0.300	0.300	—	0.500
	位号牌	个	—	1.000	1.000	1.000	—	1.000
	其他材料费	%	5.00	5.00	5.00	5.00	5.00	—
机械	电动空气压缩机 0.6m³/min	台班	0.156					
仪表	铭牌打印机	台班		0.012	0.012	0.012		0.012
	多功能校验仪	台班	0.324	0.547	1.068	1.494	0.031	
	精密交直流稳压电源	台班	0.152	0.256	0.500	0.700	0.014	
	编程器	台班	0.152	0.256	0.500	0.700		
	精密标准电阻箱	台班	—	—	—	0.350	—	—
	手持式万用表	台班	0.324	0.547	1.068	1.494	0.031	—
	数字电压表	台班	0.243	0.410	0.801	1.121	0.023	—
	对讲机(一对)	台班	0.324	0.547	1.068	1.494	0.031	0.004

3. 综合控制系统设备硬件检查试验

工作内容: 常规检查、通电状态检查、硬件测试、显示记录控制仪表试验。　　　　　　　　　　　　　　**计量单位:** 台

编　号			6-6-72	6-6-73	6-6-74	6-6-75	6-6-76	6-6-77	6-6-78
项　目			控制站	双重化控制站	三重化控制站	数据采集站/监视站	可编程逻辑控制器	工控计算机	工程技术站
名　称		单位	消　耗　量						
人工	合计工日	工日	4.300	4.961	5.623	4.300	3.639	3.308	0.596
	其中 一般技工	工日	1.075	1.240	1.406	1.075	0.910	0.827	0.149
	高级技工	工日	3.225	3.721	4.217	3.225	2.729	2.481	0.447
仪表	多功能校验仪	台班	0.429	0.495	0.561	0.429	0.363	0.330	0.059
	手持式万用表	台班	0.858	0.990	1.122	0.858	0.726	0.660	0.119
	数字电压表	台班	0.572	0.660	0.748	0.572	0.484	0.440	0.079

工作内容: 常规检查、通电状态检查、硬件测试、显示记录控制仪表试验。 计量单位:台

编　号			6-6-79	6-6-80	6-6-81	6-6-82	6-6-83	6-6-84
项　目			基本操作站	辅助操作站	复合多功能操作站	双机切换装置		
						自动	半自动	手动
名　称		单位	消　耗　量					
人工	合计工日	工日	4.300	2.977	4.631	3.969	4.135	4.300
	其中 一般技工	工日	1.075	0.744	1.158	0.992	1.034	1.075
	高级技工	工日	3.225	2.233	3.473	2.977	3.101	3.225
仪表	多功能校验仪	台班	0.429	0.297	0.420	0.396	0.413	0.429
	手持式万用表	台班	0.858	0.594	0.924	0.792	0.825	0.858
	数字电压表	台班	0.572	0.396	0.616	0.528	0.550	0.572

五、综合控制系统软件功能试验

1. DCS 系统试验

工作内容: 程序装载、操作功能、输入输出插卡校准和试验、组态内容或程序检查、
应用功能检查、冗余功能、控制功能、系统试验。 计量单位:套

编　号			6-6-85	6-6-86	6-6-87	6-6-88	6-6-89
项　目			数据采集和处理(过程 AI/DI/PI 点以下)				
			16	32	64	128	256
名　称		单位	消　耗　量				
人工	合计工日	工日	3.787	5.551	7.736	10.336	12.665
	其中 一般技工	工日	0.947	1.388	1.934	2.584	3.166
	高级技工	工日	2.840	4.163	5.802	7.752	9.499
仪表	多功能校验仪	台班	0.572	0.839	1.170	1.562	1.915
	手持式万用表	台班	0.687	1.007	1.403	1.875	2.298
	数字电压表	台班	0.515	0.755	1.053	1.406	1.723
	编程器	台班	0.343	0.504	0.702	0.937	1.149
	对讲机(一对)	台班	0.687	1.007	1.403	1.875	2.298

工作内容： 程序装载、操作功能、输入输出插卡校准和试验、组态内容或程序检查、
应用功能检查、冗余功能、控制功能、系统试验。

编　号			6-6-90	6-6-91	6-6-92	6-6-93	6-6-94
项　目			数据采集和处理（过程 AI/DI/PI 点以下）				
			512	1 024	2 048	4 096	4 096 以上每增 16
名　称		单位	消　耗　量				
人工	合计工日	工日	15.793	20.036	26.279	36.064	0.080
	其中 一般技工	工日	3.948	5.009	6.570	9.016	0.020
	高级技工	工日	11.845	15.027	19.709	27.048	0.060
仪表	多功能校验仪	台班	2.387	3.635	4.767	6.542	0.014
	手持式万用表	台班	2.865	3.635	4.767	6.542	0.014
	数字电压表	台班	1.432	1.817	2.384	3.271	0.007
	编程器	台班	1.432	1.817	2.384	3.271	0.007
	对讲机（一对）	台班	4.297	3.635	4.767	6.542	0.014

工作内容： 程序装载、操作功能、输入输出插卡校准和试验、组态内容或程序检查、
应用功能检查、冗余功能、控制功能、系统试验。　　　　　　　　　　　　**计量单位：套**

编　号			6-6-95	6-6-96	6-6-97	6-6-98	6-6-99	6-6-100	6-6-101
项　目			信息输出和控制（过程 AO/DO/PO 点以下）						
			8	16	32	64	128	256	每增 1
名　称		单位	消　耗　量						
人工	合计工日	工日	7.224	11.460	16.628	24.012	33.165	42.904	0.125
	其中 一般技工	工日	1.806	2.865	4.157	6.003	8.291	10.726	0.031
	高级技工	工日	5.418	8.595	12.471	18.009	24.874	32.178	0.094
仪表	多功能校验仪	台班	1.310	2.079	3.016	4.356	6.017	7.783	0.023
	手持式万用表	台班	1.310	2.079	3.016	4.356	6.017	7.783	0.023
	数字电压表	台班	0.983	1.559	2.262	3.267	4.512	5.837	0.017
	编程器	台班	1.310	2.079	3.016	4.356	6.017	7.783	0.023
	对讲机（一对）	台班	1.310	2.079	3.016	4.356	6.017	7.783	0.023

2. 工控计算机 IPC 系统试验

工作内容: 常规检查、输入输出插卡校准和试验、单元检查、应用功能试验、离线系统

试验。   计量单位:套

编　　号			6-6-102	6-6-103	6-6-104	6-6-105	6-6-106	6-6-107	6-6-108
项　　目			过程 I/O(点以下)						
			8	16	32	64	128	256	512
名　　称		单位	消　耗　量						
人工	合计工日	工日	3.369	4.885	7.344	9.073	11.940	15.911	23.252
	其中 一般技工	工日	0.842	1.221	1.836	2.268	2.985	3.978	5.813
	高级技工	工日	2.527	3.664	5.508	6.805	8.955	11.933	17.439
仪表	多功能校验仪	台班	0.611	0.886	1.332	1.646	2.166	2.886	4.218
	手持式万用表	台班	0.611	0.886	1.332	1.646	2.166	2.886	4.218
	数字电压表	台班	0.306	0.443	0.666	0.823	1.083	1.443	2.109
	编程器	台班	0.306	0.443	0.666	0.823	1.083	1.443	2.109
	对讲机(一对)	台班	0.611	0.886	1.332	1.646	2.166	2.886	4.218

3. PLC 可编程逻辑控制器试验

工作内容: 常规检查、单元检查、应用及逻辑功能试验、离线系统试验。   计量单位:套

编　　号			6-6-109	6-6-110	6-6-111	6-6-112	6-6-113	6-6-114
项　　目			过程 I/O(点以下)					
			12	24	48	64	128	256
名　　称		单位	消　耗　量					
人工	合计工日	工日	2.641	3.795	5.547	6.968	8.787	11.163
	其中 一般技工	工日	0.660	0.949	1.387	1.742	2.197	2.791
	高级技工	工日	1.981	2.846	4.160	5.226	6.590	8.372
仪表	多功能校验仪	台班	0.479	0.688	1.006	1.264	1.594	2.025
	手持式万用表	台班	0.479	0.688	1.006	1.264	1.594	2.025
	数字电压表	台班	0.240	0.344	0.503	0.632	0.797	1.012
	编程器	台班	0.319	0.459	0.671	0.843	1.063	1.350
	逻辑分析仪	台班	0.080	0.114	0.167	0.210	0.265	0.336
	对讲机(一对)	台班	0.399	0.574	0.838	1.053	1.328	1.687

工作内容: 常规检查、单元检查、应用及逻辑功能试验、离线系统试验。　　　　　　　　　　　　　　　**计量单位:** 套

编　号			6-6-115	6-6-116	6-6-117	6-6-118	6-6-119
项　目			过程 I/O（点以下）				
			512	1 024	2 048	4 096	8 192
名　称		单位	消耗量				
人工	合计工日	工日	14.824	18.819	24.591	30.161	34.085
	其中 高级技工	工日	11.118	14.114	18.443	22.621	25.564
	一般技工	工日	3.706	4.705	6.148	7.540	8.521
仪表	多功能校验仪	台班	2.689	3.414	4.461	5.471	6.183
	手持式万用表	台班	2.689	3.414	4.461	5.471	6.183
	数字电压表	台班	1.345	1.707	2.230	2.736	3.092
	编程器	台班	2.241	2.845	3.717	4.559	5.153
	逻辑分析仪	台班	0.448	0.569	0.743	0.912	1.031
	对讲机（一对）	台班	2.689	3.414	4.461	5.471	6.183

4. 仪表安全系统（SIS）试验

工作内容: 常规检查、单元检查、应用及逻辑功能检查、冗余功能试验、离线系统试验。　　**计量单位:** 套

编　号			6-6-120	6-6-121	6-6-122	6-6-123	6-6-124	6-6-125	6-6-126
项　目			过程 I/O（点以下）						
			6	12	24	36	48	64	128以上每增4
名　称		单位	消耗量						
人工	合计工日	工日	3.915	6.507	9.860	12.867	15.461	20.225	1.197
	其中 一般技工	工日	0.979	1.627	2.465	3.217	3.865	5.056	0.299
	高级技工	工日	2.936	4.880	7.395	9.650	11.596	15.169	0.898
仪表	多功能校验仪	台班	0.710	1.180	1.789	2.334	2.805	3.669	0.217
	手持式万用表	台班	0.710	1.180	1.789	2.334	2.805	3.669	0.217
	数字电压表	台班	0.355	0.590	0.894	1.167	1.402	1.834	0.109
	编程器	台班	0.473	0.787	1.193	1.556	1.870	2.446	0.145
	逻辑分析仪	台班	0.118	0.197	0.298	0.389	0.467	0.611	0.036
	笔记本电脑	台班	0.237	0.393	0.596	0.778	0.935	1.223	0.072
	对讲机（一对）	台班	0.592	0.984	1.491	1.945	2.337	3.057	0.181

5. 网络系统试验

工作内容：系统可用及维护功能、环境功能检查、参数设置、安全设置、传输距离、
接口、优先权通信试验。

计量单位：套

编　号			6-6-127	6-6-128	6-6-129	6-6-130	6-6-131	6-6-132
项　目			网络系统（网络节点数以下）					
			16	32	50	100	200	200以上每增2
名　称		单位	消　耗　量					
人工	合计工日	工日	3.272	5.143	7.245	10.051	12.621	0.164
	其中 一般技工	工日	0.818	1.286	1.811	2.513	3.155	0.041
	高级技工	工日	2.454	3.857	5.434	7.538	9.466	0.123
仪表	笔记本电脑	台班	0.594	0.933	1.314	1.823	2.290	0.030
	多功能校验仪	台班	0.594	0.933	1.314	1.823	2.290	0.030
	网络测试仪	台班	0.093	0.147	0.207	0.287	0.360	0.005
	手持式万用表	台班	0.594	0.933	1.314	1.823	2.290	0.030
	数字电压表	台班	0.297	0.466	0.657	0.912	1.145	0.015
	对讲机（一对）	台班	0.594	0.933	1.314	1.823	2.290	0.030

工作内容：系统可用及维护功能、环境功能检查、参数设置、安全设置、传输距离、
接口、优先权通信试验。

计量单位：套

编　号			6-6-133	6-6-134	6-6-135	6-6-136
项　目			现场总线（节点以下）		无线数据传输网络（传输距离km/站）	
			32	124	3以内	3以外
名　称		单位	消　耗　量			
人工	合计工日	工日	3.272	4.908	3.524	5.189
	其中 一般技工	工日	0.818	1.227	0.881	1.297
	高级技工	工日	2.454	3.681	2.643	3.892
仪表	笔记本电脑	台班	0.297	0.445	0.746	1.098
	多功能校验仪	台班	0.099	0.148	—	—
	网络测试仪	台班	0.093	0.140	0.101	0.148
	手持式万用表	台班	0.594	0.890	0.639	0.941
	对讲机（一对）	台班	0.950	1.425	1.023	1.506

6. 综合控制系统与其他系统接口试验

工作内容：系统可用及维护功能、环境功能检查、参数设置、安全设置、传输距离检查、接口和优先权通信试验。

计量单位：套

编　号			6-6-137	6-6-138	6-6-139	6-6-140	6-6-141	6-6-142
项　目			与上位机接口	远程终端	阴极保护装置	视频监控系统	火灾报警消防系统	安全机组系统
名　称		单位	消　耗　量					
人工	合计工日		工日	0.421	0.491	0.655	0.397	0.724	0.211
	其中	一般技工	工日	0.105	0.123	0.164	0.099	0.181	0.053
		高级技工	工日	0.316	0.368	0.491	0.298	0.543	0.158
仪表	多功能校验仪		台班	0.042	0.049	0.065	0.040	0.072	0.021
	手持式万用表		台班	—	0.098	0.131	0.079	0.145	0.042
	数字电压表		台班	—	—	0.065	0.040	0.072	—
	对讲机（一对）		台班	0.070	0.082	0.109	0.066	0.120	0.035

工作内容：系统可用及维护功能、环境功能检查、参数设置、安全设置、传输距离检查、接口和优先权通信试验。

计量单位：点

编　号			6-6-143	6-6-144	6-6-145
项　目			与其他装置接口（I/O点）		
			模拟量	数字量	脉冲量
名　称		单位	消　耗　量		
人工	合计工日		工日	0.117	0.047	0.093
	其中	一般技工	工日	0.029	0.012	0.023
		高级技工	工日	0.088	0.035	0.070
仪表	多功能校验仪		台班	0.008	0.003	0.006
	手持式万用表		台班	0.012	0.005	0.009
	数字电压表		台班	0.004	0.002	0.003
	对讲机（一对）		台班	0.016	0.006	0.012

7. 在线回路试验

工作内容：现场至控制室输入输出静态模拟试验。 计量单位：点

编　号			6-6-146	6-6-147	6-6-148	6-6-149	6-6-150	6-6-151
项　目			模拟量 AI 点	模拟量 AO 点	数字量 DI 点	数字量 DO 点	脉冲量 PI/PO 点	无线测控点
名　称		单位	消　耗　量					
人工	合计工日		工日	0.105	0.228	0.063	0.116	0.175	0.140
	其中	一般技工	工日	0.026	0.057	0.016	0.029	0.044	0.035
		高级技工	工日	0.079	0.171	0.047	0.087	0.131	0.105
仪表	多功能校验仪		台班	0.010	0.023	0.006	0.012	0.017	0.014
	便携式电动泵压力校验仪		台班	0.010	—	—	—	—	—
	手持式万用表		台班	0.021	0.045	0.013	0.023	—	0.028
	数字电压表		台班	0.010	0.023	0.006	0.012	—	—
	多功能压力校验仪		台班	0.010	—	0.090	—	—	—
	回路校验仪		台班	0.021	0.045	0.013	0.023	0.035	—
	对讲机（一对）		台班	0.017	0.038	0.010	0.019	0.029	0.023

第七章　仪表管路敷设、伴热及脱脂

说　明

一、本章内容包括：钢管敷设，不锈钢管及高压管敷设，有色金属及非金属管敷设，管缆敷设，仪表设备与管路伴热，仪表设备与管路脱脂。管路敷设的支架制作与安装应执行第四册《电气设备与线缆安装工程》相应项目。导压管线强度、严密性和泄漏量试验与工业管道一起进行。仪表气源和信号管路只做严密性试验、通气试验，不做强度试验。

二、本章包括以下工作内容：

1. 管路敷设包括：领料、搬运、准备、清扫、清洗、划线、调直、定位、切割、揻弯、焊接、上接头或管件、加垫固定，强度、严密性、泄漏性试验，除锈、防腐、刷油，安装试验记录。

2. 仪表设备或管路伴热。

伴热管敷设包括：焊接、除锈、防腐、试压、气密性试验等。

电伴热电缆、伴热元件或伴热带敷设包括：绝缘测定、接地、控制及保护电路测试、调整记录、接线盒安装、终端头制作及其尾盒安装。

3. 仪表管路脱脂包括：拆装、浸泡、擦洗、检查、封口、保管、送检、填写记录。

三、本章不包括以下工作内容：

1. 支架制作和安装。

2. 脱脂槽的准备及脱脂液分析工作，脱脂废液应按环保部门规定处理，费用按相关规定另计。

3. 管路中截止阀、疏水器、过滤器等安装。

4. 电伴热供电设备安装、接线盒安装、保温层和保温材料。

5. 被伴热的管路或仪表设备的外部保温层、防护防水层安装及防腐。

工程量计算规则

一、导压管和伴热管敷设按"10m"为计量单位,电伴热电缆按"100m"为计量单位,伴热元件按"根"为计量单位。管路及设备伴热不包括被伴热的管路和仪表的外部保温层、防护防水层,应执行第十二册《防腐蚀、绝热工程》相应项目。电伴热的供电设备、接线盒、终端头制作应另计工程量。

二、导压管敷设范围是从取源一次阀门后,不包括取源部件及一次阀门。

三、管路工程量计算按延长米不扣除管件、仪表阀等所占的长度。

四、管路试压、供气管通气试验和防腐已包括在项目内,不另计算工程量。公称直径50mm以上的管路,应执行第八册《工业管道安装工程》相应项目。

五、碳钢管敷设连接形式分为焊接、丝接和卡套连接。计算工程量时,焊接按管径大小,丝接按公称直径不同计算。管路中的截止阀、疏水器、过滤器等应另行计算。

六、需要银焊的管路可执行铜管敷设项目,进行材料换算。

一、钢 管 敷 设

工作内容: 清理、撖弯、组对、安装及接头（管件）安装、焊接、除锈、防腐、强度试验、
气密性和泄漏性试验。 计量单位: 10m

编　号				6-7-1	6-7-2	6-7-3	6-7-4
项　目				碳钢管敷设焊接（管径 mm 以内）			
				14	22	32	50
名　称			单位	消　耗　量			
人工	合计工日		工日	1.204	1.346	1.572	1.845
	其中	普工	工日	0.217	0.242	0.283	0.332
		一般技工	工日	0.963	1.077	1.258	1.476
		高级技工	工日	0.024	0.027	0.031	0.037
材料	管材		m	（10.400）	（10.400）	（10.400）	（10.400）
	仪表接头		套	（4.000）	（3.000）	（4.000）	（6.000）
	镀锌管卡子（钢管用）15mm		个	7.000	—	—	—
	镀锌管卡子（钢管用）20mm		个	—	5.000	—	—
	镀锌管卡子（钢管用）32mm		个	—	—	5.000	—
	镀锌管卡子（钢管用）50mm		个	—	—	—	4.000
	砂轮片 φ100		片	0.001	0.010	0.010	0.010
	砂轮片 φ400		片	0.001	0.010	0.010	0.001
	碳钢气焊条		kg	0.128	0.096	0.096	—
	低碳钢焊条 J427（综合）		kg	—	—	—	0.662
	氧气		m³	0.333	0.250	0.250	—
	乙炔气		kg	0.128	0.096	0.096	—
	镀锌铁丝 φ1.4~2.5		kg	0.060	0.060	0.060	0.060
	酚醛防锈漆		kg	0.220	0.390	0.500	0.900
	酚醛调和漆		kg	0.170	0.310	0.400	0.720
	清洗剂 500mL		瓶	0.200	0.200	0.200	0.200
	铁砂布 0#~2#		张	0.500	0.500	0.500	0.500
	细白布 宽 900mm		m	0.050	0.050	0.050	0.050
	其他材料费		%	5.00	5.00	5.00	5.00
机械	电动空气压缩机 0.6m³/min		台班	0.010	0.010	0.030	0.050
	载货汽车－普通货车 4t		台班	0.005	0.010	0.012	0.015
	弧焊机 20kV·A		台班	—	—	—	0.340
	砂轮切割机 φ400		台班	0.010	0.010	0.015	0.020
	台式砂轮机 φ100		台班	0.010	0.010	0.015	0.020
	电动弯管机 50mm		台班	—	0.040	0.040	0.020

工作内容: 清理、撖弯、套丝、组对、安装及接头（管件）安装、强度试验、气密性和泄漏性试验。

计量单位:10m

编 号			6-7-5	6-7-6	6-7-7	6-7-8	6-7-9	6-7-10
项 目			碳钢管敷设丝接（管径 mm 以内）				碳钢管卡套连接（管径 mm）	
			15	20	32	50	14 以下	14 以上
名 称		单位	消 耗 量					
人工	合计工日		工日	0.705	0.840	1.116	1.338	0.749	0.901
	其中	普工	工日	0.127	0.151	0.201	0.241	0.135	0.162
		一般技工	工日	0.564	0.672	0.893	1.070	0.599	0.721
		高级技工	工日	0.014	0.017	0.022	0.027	0.015	0.018
材料	管材		m	（10.400）	（10.400）	（10.400）	（10.400）	（10.400）	（10.400）
	仪表接头		套	—	—	—	—	（4.000）	（3.000）
	管件 DN15 以下		套	（5.000）	（4.000）	（6.000）	（8.000）	—	—
	镀锌管卡子（钢管用）15mm		个	7.000	—	—	—	7.000	—
	镀锌管卡子（钢管用）20mm		个	—	5.000	—	—	—	5.000
	镀锌管卡子（钢管用）32mm		个	—	—	5.000	—	—	—
	镀锌管卡子（钢管用）50mm		个	—	—	—	4.000	—	—
	砂轮片 ϕ100		片	0.001	0.005	0.010	0.010	0.010	0.010
	砂轮片 ϕ400		片	—	—	—	—	0.001	0.010
	镀锌铁丝 ϕ1.4~2.5		kg	0.060	0.060	0.060	0.060	0.030	0.030
	密封剂		kg	0.040	0.050	0.060	0.060	—	—
	酚醛防锈漆		kg	—	—	—	—	0.220	0.390
	酚醛调和漆		kg	—	—	—	—	0.170	0.310
	清洗剂 500mL		瓶	0.250	0.250	0.250	0.250	—	—
	机油		kg	0.050	0.080	0.100	0.120	—	—
	铁砂布 0#~2#		张	0.500	0.500	0.500	0.500	0.300	0.300
	聚四氟乙烯生料带		m	0.210	0.200	0.400	0.650	—	—
	细白布 宽 900mm		m	0.050	0.050	0.050	0.050	0.050	0.050
	其他材料费		%	5.00	5.00	5.00	5.00	5.00	5.00
机械	电动空气压缩机 0.6m³/min		台班	0.010	0.010	0.030	0.050	0.050	0.050
	砂轮切割机 ϕ400		台班	—	—	—	—	0.020	0.020
	电动弯管机 50mm		台班	—	0.010	0.020	0.030	0.030	0.030
	载货汽车 - 普通货车 4t		台班	0.005	0.010	0.012	0.015	0.005	0.010
	管子切断套丝机 159mm		台班	0.020	0.035	0.050	0.060		
	台式砂轮机 ϕ100		台班	0.010	0.010	0.010	0.020	0.020	0.020

二、不锈钢管及高压管敷设

工作内容：清洗、组对、焊接及焊口处理、管及管件安装、除锈、防腐、强度试验、
气密性和泄漏性试验。

计量单位：10m

编　号			6-7-11	6-7-12	6-7-13	6-7-14	6-7-15
项　目			不锈钢管敷设（管径 mm 以内）				
			10	14	22	32	50
名　称		单位	消　耗　量				
人工	合计工日	工日	0.894	1.200	1.407	1.609	2.011
	其中 普工	工日	0.161	0.216	0.253	0.290	0.362
	一般技工	工日	0.715	0.960	1.126	1.287	1.609
	高级技工	工日	0.018	0.024	0.028	0.032	0.040
材料	仪表接头	套	（4.000）	（3.000）	（4.000）	（4.000）	（4.000）
	管材	m	（10.360）	（10.360）	（10.360）	（10.360）	（10.360）
	不锈钢管卡 15mm	个	3.000	7.000	—	—	—
	不锈钢管卡 20mm	个	—	—	5.000	—	—
	不锈钢管卡 32mm	个	—	—	—	5.000	—
	不锈钢管卡 50mm	个	—	—	—	—	4.000
	砂轮片 φ100	片	0.001	0.005	0.010	0.010	0.010
	砂轮片 φ400	片	0.001	0.005	0.010	0.010	0.010
	不锈钢焊丝 1Cr18Ni9Ti	kg	0.020	0.132	0.099	0.099	0.110
	氩气	m³	0.056	0.370	0.277	0.277	0.308
	铈钨棒	g	0.112	0.739	0.554	0.554	0.616
	铁砂布 0#~2#	张	0.500	0.500	0.500	—	—
	橡胶板	kg	0.140	0.240	0.240	0.240	0.240
	镀锌铁丝 φ1.4~2.5	kg	0.060	0.060	0.060	0.060	0.060
	细白布 宽 900mm	m	0.050	0.050	0.050	0.050	0.050
	酸洗膏	kg	0.010	0.015	0.020	0.025	0.040
	其他材料费	%	5.00	5.00	5.00	5.00	5.00
机械	载货汽车-普通货车 4t	台班	—	0.005	0.010	0.012	0.015
	氩弧焊机 500A	台班	0.010	0.050	0.070	0.090	0.240
	电动空气压缩机 0.6m³/min	台班	0.010	0.010	0.010	0.030	0.050
	砂轮切割机 φ400	台班	0.010	0.011	0.022	0.025	0.080
	台式砂轮机 φ100	台班	0.010	0.011	0.012	0.010	0.010
	管子切断机 60mm	台班	0.020	0.050	0.060	0.070	0.080
	电动弯管机 50mm	台班	—	0.040	0.060	0.050	

工作内容: 清洗、组对、高压管车丝、焊接及焊口处理、管及管件安装、除锈、防腐、
强度试验、气密性和泄漏性试验。

计量单位:10m

编 号		6-7-16	6-7-17	6-7-18	6-7-19
项 目		不锈钢管卡套连接 （管径 mm）		高压管（管径 15mm 以内）	
		14 以下	14 以上	碳钢	不锈钢
名 称	单位	消 耗 量			
人工 合计工日	工日	0.707	0.851	1.318	1.453
其中 普工	工日	0.127	0.153	0.237	0.262
一般技工	工日	0.566	0.681	1.055	1.162
高级技工	工日	0.014	0.017	0.026	0.029
材料 仪表接头	套	（4.000）	（3.000）	（4.000）	（4.000）
管材	m	（10.360）	（10.360）	（10.360）	（10.360）
不锈钢管卡 15mm	个	7.000	—	7.000	7.000
不锈钢管卡 20mm	个	—	5.000	—	—
砂轮片 φ100	片	0.005	0.010	0.010	0.010
砂轮片 φ400	片	0.005	0.010	0.010	0.010
酚醛防锈漆	kg	—	—	0.110	—
酚醛调和漆	kg	—	—	0.080	—
碳钢氩弧焊丝	kg	—	—	0.192	—
合金钢氩弧焊丝	kg	—	—	—	0.132
氩气	m³	—	—	0.538	0.370
铈钨棒	g	—	—	1.075	0.739
铁砂布 0#~2#	张	—	—	0.500	0.500
橡胶板	kg	0.240	0.240	0.240	0.240
镀锌铁丝 φ1.4~2.5	kg	0.030	0.030	0.030	0.030
清洗剂 500mL	瓶	—	—	0.050	—
细白布 宽 900mm	m	0.010	0.010	—	0.010
酸洗膏	kg	—	—	—	0.030
棉纱	kg	—	—	0.050	—
其他材料费	%	5.00	5.00	5.00	5.00
机械 载货汽车 – 普通货车 4t	台班	—	—	0.002	0.002
氩弧焊机 500A	台班	—	—	0.040	0.040
电动空气压缩机 0.6m³/min	台班	0.015	0.018	0.020	0.040
砂轮切割机 φ400	台班	0.010	0.010	0.020	0.020
台式砂轮机 φ100	台班	0.010	0.010	0.010	0.010
普通车床 400×1 000	台班	—	—	0.080	0.080

三、有色金属及非金属管敷设

工作内容：清洗、组对、安装、焊接（或卡套连接）、固定、通气和气密性试验。　　　　　计量单位：10m

		编　号		6-7-20	6-7-21	6-7-22	6-7-23	6-7-24	6-7-25
		项　目		紫铜管 （管径 mm 以内）				黄铜管 （管径 mm 以内）	
				10	14	22	32	50	
		名　称	单位	消　耗　量					
人工		合计工日	工日	0.316	0.845	1.028	1.430	1.509	2.048
	其中	普工	工日	0.057	0.152	0.185	0.257	0.272	0.369
		一般技工	工日	0.253	0.676	0.822	1.144	1.207	1.638
		高级技工	工日	0.006	0.017	0.021	0.029	0.030	0.041
材料		仪表接头	套	（5.000）	（3.000）	（2.000）	（4.000）	（5.000）	（10.000）
		管材	m	（10.300）	（10.300）	（10.300）	（10.300）	（10.200）	（10.200）
		镀锌管卡子（钢管用）15mm	个	2.000	6.000	—	—	—	—
		镀锌管卡子（钢管用）20mm	个	—	—	5.000	—	—	—
		镀锌管卡子（钢管用）32mm	个	—	—	—	6.000	10.000	—
		镀锌管卡子（钢管用）50mm	个	—	—	—	—	—	10.000
		砂轮片 $\phi100$	片	—	0.010	0.010	0.010	0.010	0.010
		砂轮片 $\phi400$	片	—	0.001	0.010	0.010	0.010	0.010
		铜气焊丝	kg	—	0.022	0.025	0.030	—	—
		铜氩弧焊丝	kg	—	0.019	0.034	0.044	0.084	0.110
		氧气	m^3	—	0.055	0.065	0.078	—	—
		乙炔气	kg	—	0.021	0.025	0.030	—	—
		氩气	m^3	—	0.053	0.095	0.123	0.235	0.308
		铈钨棒	g	—	0.106	0.190	0.246	0.470	0.616
		镀锌铁丝 $\phi1.4\sim2.5$	kg	0.040	0.050	0.060	0.060	0.060	0.060
		橡胶板	kg	0.100	0.140	0.140	0.500	0.500	0.500
		铁砂布 $0^{\#}\sim2^{\#}$	张	0.500	0.500	0.500	0.500	1.000	1.000
		细白布 宽 900mm	m	—	—	0.050	0.050	0.050	0.050
		位号牌	个	—	—	—	10.000	20.000	30.000
		其他材料费	%	5.00	5.00	5.00	5.00	5.00	5.00
机械		氩弧焊机 500A	台班	—	0.002	0.010	0.030	0.070	0.120
		电动空气压缩机 0.6m³/min	台班	0.010	0.010	0.010	0.030	0.030	0.050
		普通车床 400×1 000	台班	—	—	—	0.010	0.030	0.030
		摇臂钻床 50mm	台班	—	—	—	0.050	0.100	0.150
		砂轮切割机 $\phi400$	台班	—	0.010	0.012	0.015	0.015	
		载货汽车 - 普通货车 4t	台班	—	0.005	0.010	0.012	0.012	0.015

工作内容: 准备、清洗、定位、划线、切断、搣弯、组对、焊接、接头连接、固定、强度试验、
严密性或气密性试验。

计量单位:10m

编　号			6-7-26	6-7-27	6-7-28	6-7-29
项　目			铝管敷设(管径 mm 以内)			聚乙烯管(管径 32mm 以内)
			14	22	32	
名　称		单位	消　耗　量			
人工	合计工日	工日	1.232	1.251	1.404	1.668
	其中 普工	工日	0.222	0.225	0.253	0.300
	一般技工	工日	0.985	1.001	1.123	1.335
	高级技工	工日	0.025	0.025	0.028	0.033
材料	管材	m	(10.300)	(10.300)	(10.300)	(10.300)
	仪表接头	套	(3.000)	(2.000)	(2.000)	—
	塑料管件	套	—	—	—	(6.000)
	镀锌管卡子(钢管用)15mm	个	10.000	—	—	—
	镀锌管卡子(钢管用)20mm	个	—	10.000	—	—
	镀锌管卡子(钢管用)32mm	个	—	—	10.000	—
	砂轮片 ϕ100	片	0.002	0.010	0.015	0.015
	砂轮片 ϕ400	片	0.003	0.008	0.010	—
	铝焊丝 丝 301 ϕ1~6	kg	0.035	0.052	0.068	—
	氩气	m³	0.090	0.150	0.200	—
	铈钨棒	g	0.180	0.290	0.360	—
	聚氯乙烯焊条(综合)	kg	—	—	—	0.040
	橡胶板	kg	0.200	0.250	0.300	—
	塑料卡子	个	—	—	—	14.000
	铁砂布 0#~2#	张	0.500	0.500	0.500	0.500
	其他材料费	%	5.00	5.00	5.00	5.00
机械	氩弧焊机 500A	台班	0.020	0.020	0.040	—
	电动弯管机 50mm	台班	—	0.030	0.030	—
	电动空气压缩机 0.6m³/min	台班	0.010	0.010	0.030	0.030
	载货汽车-普通货车 4t	台班	0.005	0.010	0.012	0.007
	砂轮切割机 ϕ400	台班	0.010	0.012	0.015	—
	台式砂轮机 ϕ100	台班	0.010	0.012	0.015	0.150
	管子切断机 60mm	台班	0.010	0.030	0.040	0.020

四、管 缆 敷 设

工作内容:切断、撼弯、缆头处理、卡套连接、固定、通气试验。　　　　　　　　　　计量单位:10m

编　号			6-7-30	6-7-31	6-7-32	6-7-33
项　目			尼龙管缆(管径 mm 以内)			
			单芯			7芯
			6	8	10	6
名　　称		单位	消　耗　量			
人工	合计工日	工日	0.279	0.332	0.465	0.709
	其中 普工	工日	0.050	0.060	0.084	0.128
	一般技工	工日	0.223	0.265	0.372	0.567
	高级技工	工日	0.006	0.007	0.009	0.014
材料	管材	m	(10.300)	(10.300)	(10.300)	(10.300)
	仪表接头	套	(2.000)	(2.000)	(2.000)	(6.000)
	镀锌电线管卡子 15mm	个	—	—	1.000	2.000
	铁砂布 0#~2#	张	0.200	0.200	0.200	0.300
	尼龙扎带(综合)	根	2.500	2.500	2.500	1.000
	其他材料费	%	5.00	5.00	5.00	5.00
机械	电动空气压缩机 0.6m³/min	台班	0.010	0.010	0.010	0.020
	载货汽车 – 普通货车 4t	台班	—	0.005	0.005	0.007

工作内容: 切断、揻弯、缆头处理、卡套连接、固定、通气试验。　　　　　　　　　　　　　计量单位:10m

编　号			6-7-34	6-7-35	6-7-36	6-7-37
项　目			铜管缆(管径 mm 以内)			
			单芯			7芯
			6	8	10	6
名　称		单位	消　耗　量			
人工	合计工日	工日	0.355	0.594	0.607	0.870
	其中 普工	工日	0.064	0.107	0.109	0.157
	一般技工	工日	0.284	0.475	0.486	0.696
	高级技工	工日	0.007	0.012	0.012	0.017
材料	管材	m	(10.300)	(10.300)	(10.300)	(10.300)
	仪表接头	套	(2.000)	(2.000)	(2.000)	(8.000)
	镀锌电线管卡子 15	个	—	—	1.000	2.000
	无石棉橡胶板 高压 $\delta1\sim6$	kg	0.080	0.080	0.080	0.100
	砂轮片 $\phi100$	片	—	0.005	0.005	0.010
	砂轮片 $\phi400$	片	—	0.005	0.005	0.010
	钢锯条	条	0.150	0.150	0.150	0.500
	铁砂布 $0^{\#}\sim2^{\#}$	张	0.300	0.300	0.300	0.300
	尼龙扎带(综合)	根	2.200	2.200	2.200	1.000
	其他材料费	%	5.00	5.00	5.00	5.00
机械	电动空气压缩机 0.6m³/min	台班	0.010	0.010	0.010	0.020
	载货汽车 – 普通货车 4t	台班	—	0.005	0.005	0.007
	砂轮切割机 $\phi400$	台班	0.010	0.011	0.012	0.015
	手提式砂轮机	台班	0.010	0.011	0.012	0.015

工作内容：切断、撼弯、缆头处理、卡套连接、固定、通气试验。　　　　　　　　　　　　　　**计量单位：**10m

编　号			6-7-38	6-7-39	6-7-40	6-7-41	6-7-42	6-7-43
项　目			不锈钢管缆（管径 mm 以内）				伴热一体化管缆	
			单芯			7芯	单芯	4芯以内
			6	8	10	6		
名　称		单位	消　耗　量					
人工	合计工日		工日	0.793	0.823	0.838	1.084	1.864	3.200
	其中	普工	工日	0.143	0.148	0.151	0.195	0.336	0.576
		一般技工	工日	0.634	0.659	0.670	0.867	1.491	2.560
		高级技工	工日	0.016	0.016	0.017	0.022	0.037	0.064
材料	管材		m	（10.300）	（10.300）	（10.300）	（10.300）	（10.300）	（10.300）
	仪表接头		套	（2.000）	（2.000）	（2.000）	（8.000）	（4.000）	（8.000）
	不锈钢管卡 15		个	—	5.000	5.000	6.000	—	—
	镀锌钢管卡子 DN15		个	—	—	—	—	6.000	—
	镀锌钢管卡子 DN50		个	—	—	—	—	—	6.000
	砂轮片 φ100		片	—	0.005	0.005	0.010	0.016	0.020
	砂轮片 φ400		片	—	0.005	0.005	0.010	0.016	0.020
	铁砂布 0#~2#		张	0.200	0.200	0.300	0.500	0.500	0.500
	尼龙扎带（综合）		根	12.000	7.000	7.000	6.000	6.000	6.000
	不锈钢氩弧焊丝 1Cr18Ni9Ti φ3		kg	—	—	—	—	0.068	0.135
	氩气		m³	—	—	—	—	0.190	0.378
	铈钨棒		g	—	—	—	—	0.381	0.756
	酸洗膏		kg	—	—	—	—	0.020	0.040
	细白布 宽 900mm		m	—	—	—	—	0.050	0.070
	其他材料费		%	5.00	5.00	5.00	5.00	5.00	5.00
机械	电动空气压缩机 0.6m³/min		台班	0.010	0.010	0.010	0.020	0.010	0.010
	氩弧焊机 500A		台班	—	—	—	—	0.100	0.200
	砂轮切割机 φ400		台班	—	0.010	0.010	0.010	0.040	0.050
	手提式砂轮机		台班	—	0.010	0.010	0.010	0.040	0.050
	载货汽车－普通货车 4t		台班	0.005	0.005	0.005	0.007	0.010	0.020
	试压泵 2.5MPa		台班	—	—	—	—	0.010	0.020

五、仪表设备与管路伴热

工作内容：敷设（或缠绕）、焊接、强度和气密性试验。　　　　　　　　　　　　　　计量单位：10m

	编　号		6-7-44	6-7-45	6-7-46	6-7-47
	项　目		不锈钢管伴热管（管径 mm 以内）			
			10	14	18	22
	名　称	单位	消　耗　量			
人工	合计工日	工日	0.883	1.355	1.695	1.993
	其中　普工	工日	0.159	0.244	0.305	0.359
	一般技工	工日	0.706	1.084	1.356	1.594
	高级技工	工日	0.018	0.027	0.034	0.040
材料	管材	m	（10.300）	（10.300）	（10.300）	（10.300）
	镀锌铁丝 φ2.8~4.0	kg	0.050	0.050	0.050	0.050
	砂轮片 φ100	片	0.001	0.005	0.005	0.080
	砂轮片 φ400	片	0.001	0.005	0.005	0.080
	铁砂布 0#~2#	张	0.500	0.500	0.500	0.500
	不锈钢焊丝 1Cr18Ni9Ti	kg	0.010	0.010	0.015	0.015
	氩气	m³	0.028	0.028	0.042	0.042
	铈钨棒	g	0.056	0.056	0.084	0.084
	酸洗膏	kg	0.010	0.020	0.030	0.040
	细白布 宽 900mm	m	0.050	0.050	0.050	0.050
	其他材料费	%	5.00	5.00	5.00	5.00
机械	氩弧焊机 500A	台班	0.010	0.010	0.015	0.015
	砂轮切割机 φ400	台班	0.010	0.015	0.018	0.020
	手提式砂轮机	台班	0.010	0.015	0.018	0.020
	载货汽车 – 普通货车 4t	台班	0.010	0.010	0.010	0.010
	试压泵 2.5MPa	台班	0.020	0.020	0.020	0.020

工作内容：敷设（或缠绕）、除锈、防腐、焊接、强度和气密性试验。　　　　　　　　**计量单位：**10m

编　号			单位	6-7-48	6-7-49	6-7-50	6-7-51
项　目				碳钢管伴热管（管径 mm 以内）			
				10	14	18	22
名　称			单位	消　耗　量			
人工	合计工日		工日	0.767	1.105	1.574	1.806
	其中	普工	工日	0.138	0.199	0.283	0.325
		一般技工	工日	0.614	0.884	1.260	1.445
		高级技工	工日	0.015	0.022	0.031	0.036
材料	管材		m	（10.350）	（10.350）	（10.350）	（10.350）
	镀锌铁丝 ϕ2.8~4.0		kg	0.050	0.050	0.050	0.050
	铁砂布 0#~2#		张	0.500	0.500	0.500	0.500
	氧气		m³	0.083	0.166	0.166	0.166
	乙炔气		kg	0.032	0.064	0.064	0.064
	碳钢气焊条		kg	0.032	0.064	0.064	0.064
	酚醛防锈漆（各种颜色）		kg	0.360	0.370	0.380	0.390
	细白布 宽 900mm		m	0.050	0.050	0.050	0.050
	其他材料费		%	5.00	5.00	5.00	5.00
机械	管子切断机 60mm		台班	0.030	0.030	0.040	0.040
	载货汽车－普通货车 4t		台班	0.010	0.010	0.010	0.010
	试压泵 2.5MPa		台班	0.020	0.020	0.020	0.020

工作内容:敷设(或缠绕)、焊接、强度和气密性试验。 计量单位:10m

	编　号		6-7-52	6-7-53	6-7-54	6-7-55
	项　目		铜管伴热管(管径 mm 以内)			
			10	14	18	22
	名　称	单位	消　耗　量			
人工	合计工日	工日	0.302	0.788	0.972	1.182
	其中 普工	工日	0.054	0.142	0.175	0.213
	一般技工	工日	0.242	0.630	0.778	0.945
	高级技工	工日	0.006	0.016	0.019	0.024
材料	管材	m	(10.300)	(10.300)	(10.300)	(10.300)
	镀锌铁丝 ϕ2.8~4.0	kg	—	0.050	0.050	0.050
	铁砂布 0#~2#	张	0.500	0.500	0.500	0.500
	砂轮片 ϕ100	片	0.001	0.005	0.008	0.010
	铜氩弧焊丝	kg	0.029	0.027	0.034	0.047
	氩气	m^3	0.081	0.076	0.095	0.132
	铈钨棒	g	0.162	0.151	0.190	0.263
	铜气焊丝	kg	—	0.009	0.012	0.018
	氧气	m^3	—	0.022	0.033	0.039
	乙炔气	kg	—	0.008	0.013	0.015
	细白布 宽 900mm	m	0.050	0.050	0.050	0.050
	其他材料费	%	5.00	5.00	5.00	5.00
机械	氩弧焊机 500A	台班	0.030	0.035	0.050	0.060
	砂轮切割机 ϕ400	台班	0.010	0.010	0.015	0.020
	手提式砂轮机	台班	0.010	0.010	0.015	0.020
	管子切断机 60mm	台班	—	0.015	0.020	0.020
	载货汽车-普通货车 4t	台班	0.008	0.008	0.010	0.010

工作内容：伴热带（元件）敷设（安装）、绝缘接地、控制及保护电路测试。

编　号			6-7-56	6-7-57	6-7-58	6-7-59
项　目			电伴热带／伴热电缆			伴热元件
			伴热电缆	接线盒	终端头制安	
			100m	个		根
名　称		单位	消　耗　量			
人工	合计工日	工日	4.956	0.121	0.435	0.774
	其中 普工	工日	0.892	0.022	0.078	0.139
	一般技工	工日	3.965	0.097	0.348	0.620
	高级技工	工日	0.099	0.002	0.009	0.015
材料	管状电热带	根	—	—	—	（1.000）
	电热带	m	（102.000）	—	—	—
	尾端盒	个	—	—	（1.000）	—
	接线盒	个	—	（1.000）	—	—
	电缆卡子（综合）	个	（4.000）	—	—	—
	绝缘材料（复合丁腈）	m²	（11.000）	—	—	—
	耐高温铝箔玻璃纤维带 50m/卷	卷	2.300	—	—	—
	铁砂布 0#~2#	张	0.100	—	0.450	—
	塑料胶带	m	—	—	0.100	—
	细白布 宽 900mm	m	—	—	0.050	—
	接线铜端子头	个	—	—	2.200	—
	标签纸（综合）	m	—	—	0.050	—
	尼龙扎带（综合）	根	—	—	0.500	—
	线号套管（综合）	m	—	—	0.020	—
	接地线 5.5~16.0mm²	m	3.500	0.800	0.600	1.000
	位号牌	个	—	—	1.000	—
	其他材料费	%	5.00	5.00	5.00	5.00
机械	载货汽车-普通货车 4t	台班	0.010	—	—	—
仪表	线号打印机	台班	—	—	0.030	—
	铭牌打印机	台班	0.018	—	0.012	0.012
	接地电阻测试仪	台班	—	—	0.050	—
	手持式万用表	台班	0.200	—	0.020	0.050
	数字电压表	台班	0.100	—	—	0.050
	兆欧表	台班	0.030	—	0.030	—

六、仪表设备与管路脱脂

工作内容: 表计拆装、浸泡、脱脂、擦洗、检查、封口、送检。

编　号			6-7-60	6-7-61	6-7-62	6-7-63	6-7-64	6-7-65
项　目			压力表	变送器调节阀	孔板	仪表阀门	仪表附件	仪表管路
			块	台	块	个	套	10m
名　称		单位	消　耗　量					
人工	合计工日		工日	0.251	0.540	0.210	0.185	0.035	0.477
	其中	普工	工日	0.045	0.097	0.038	0.033	0.006	0.086
		一般技工	工日	0.201	0.432	0.168	0.148	0.028	0.381
		高级技工	工日	0.005	0.011	0.004	0.004	0.001	0.010
材料	脱脂用黑光灯		组	(0.020)	(0.050)	(0.010)	(0.010)	(0.010)	(0.030)
	脱脂剂		kg	(1.000)	(7.000)	(2.050)	(1.000)	(0.500)	(1.500)
	酒精		kg	0.100	0.500	0.500	0.100	0.100	0.300
	白滤纸		张	2.000	6.000	2.000	3.000	1.000	4.000
	细白布　宽900mm		m	0.100	0.400	0.400	0.200	0.100	0.250
	镀锌铁丝　ϕ1.4~2.5		kg	—	—	—	—	—	0.100
	其他材料费		%	5.00	5.00	5.00	5.00	5.00	5.00
机械	电动空气压缩机 0.6m³/min		台班	—	—	—	—	—	0.060

第八章　自动化线路、通信

说　明

一、本章内容包括自动化仪表线路（系统电缆、自动化电缆、光缆、同轴电缆）敷设、通信设备安装和试验、其他项目安装。

1. 自动化电缆敷设适用于控制电缆、仪表电源电缆、屏蔽或非屏蔽电缆（线）、补偿导线（缆）等仪表所用电缆（线），综合沿桥架支架、电缆沟或穿管敷设，不区分安装方式。

2. 自动化电缆规格只适用于 $10mm^2$ 以下（包括 $10mm^2$）自动化线路敷设，$10mm^2$ 以上执行第四册《电气设备与线缆安装工程》的有关规定。电缆和配管支架、托架制作安装，执行第四册《电气设备与线缆安装工程》相应项目，桥架支撑和托臂是成品件时，执行本册相应项目。

3. 无线电台、无线天线用于无线数据传输，用于工业装置区范围较小。如覆盖区域较广，应执行第十一册《信息通信设备与线缆工程》。无线电台天线塔架、支架制作安装执行第四册《电气设备与线缆安装工程》相应项目。

4. 接地系统接地极、接地母线安装和系统试验、降阻剂埋设，执行第四册《电气设备与线缆安装工程》相应项目。

5. 光缆敷设为多模光缆，用于局域网，不适用于单模光缆。

6. 供电电源和不间断电源安装试验，执行第四册《电气设备与线缆安装工程》相应项目。

二、本章包括以下工作内容：

领料、开箱检查、准备、运输、敷设、固定、绝缘检查、校线、挂牌、记录等，此外还包括下列内容：

1. 系统电缆敷设、插头检查、敷设时揭盖地板。

2. 自动化电缆终端头制作：AC、DC 接地线焊接、接地电阻测试、校接线、套线号、电缆测试。

3. 光缆敷设、接头测试、熔接、接续、接头盒安装、地线装置安装、成套附件安装、复测衰耗、安装加感线圈、包封外护套、充气试验。

4. 光缆成端接头：活接头制作、固定、测试衰耗、光缆终端头固定。

5. GPS 收发机安装测试、无线电台、无线电台天线、环形天线、增益天线安装。

6. 中继段测试：光纤特性测试、铜导线电气性能测试、护套对地测试、障碍处理。

7. 通信设备：单元检查、功能试验，电话装置调整功放和放大级电压、电平、振荡输出电平、电源电压、工作电压及感应电话的谐振频率，以及扬声器音量、音响信号、通话、呼叫试验等。

三、本章不包括以下工作内容：

1. 支架、机架、框架、托架、塔架、跳线架等制作和安装。

2. 光中继器埋设。

3. 挖填土工程、开挖路面工程。

4. 不间断电源及蓄电池安装和配套的发电机组。

5. 保护管和接地系统安装和调试。

工程量计算规则

一、电缆、光缆、同轴电缆敷设按"100m"为计量单位,另加穿墙、穿楼板以及拐弯的余量;电缆接至现场仪表处增加 1.5m 的预留长度。接至盘上,按盘高加盘宽预留长度。敷设时,还要增加一定的裕量,裕量按按电气电缆敷设规定。带专用插头的系统电缆按芯数按"根"为计量单位。

二、光缆接头按"芯/束"为计量单位,光缆成端头按"个"为计量单位。

三、穿线盒按"10个"为计量单位,预算工程量计算按每 10m 配管 2.8 个穿线盒考虑,材料费按实计算。

四、通信设备中扩音对讲系统安装试验。

1. 扩音对讲话站安装按按"台"作为计量单位,系统连接采用总线式连接和集中供电形式。每个系统具有广播和对讲功能、独立电源和功放功能,都有呼叫按钮。扩音对讲话站分为无主机的形式和有主机形式,无主机形式具有多通道系统,系统内话站广播和通话不需要主机控制,有主机形式增加数字程控调度机。扩音对讲话站安装分为室内和室外,安装形式有普通型、防爆型、防水型、壁挂式、落地式、台面安装式。

2. 数字程控调度机安装试验按"台"作为计量单位,它具有数字程控调度系统的所有功能,包括内外线群呼、组呼、一键呼、提机热呼、强插强拆、分机多机一号连选等多种功能,并为防爆扩音对讲系统分机提供信号源,为扩音电话站提供功放电源,是整个扩音对讲系统的中心和系统电缆的配线汇接机柜。

五、数字程序指令呼叫系统安装试验。

1. 数字程控指令电话系统主机安装试验以主机容量"路"为步距,按"套"为计量单位,包括系统电源等模块。主机容量"路"是"个呼 + 齐呼 + 组呼"的呼叫通路数量。数字程控指令电话系统用于指挥调度、应急广播通信、指令电话通信(与交换机、调度机相连)、指令电话扩音等。

2. 数字程序指令呼叫系统设备安装校接线按 40 门组成一套计算安装工程量。

3. 数字程序指令呼叫系统试验按主放大器功率计算。

六、金属挠性管按"10 根"为计量单位,包括接头安装、防爆挠性管的密封。

七、GPS 接收机主要由天线单元、主机单元、电源三部分组成。GPS 接收机安装于运动的物体上,天线置于接收机内。测试内容是对接收机接收信号进行跟踪、处理和量测。安装测试按"台"为计量单位。

八、无线电台按"台"为计量单位。无线电台天线按 4 扇一组计算。

九、孔洞封堵防爆胶泥和发泡剂按"kg"为计量单位。

十、采用铜包钢材质的接地极和接地母线需要焊接时,执行本册铜包钢焊接项目,按一个焊接"点"为计量单位。

一、自动化线路敷设

1. 自动化线缆敷设

工作内容: 绝缘检查、敷设、固定、挂牌。

计量单位:根

编 号				6-8-1	6-8-2	6-8-3	6-8-4
项 目				带专用插头系统电缆敷设(芯)			
				10	20	36	50
名 称			单位	消 耗 量			
人工	合计工日		工日	0.301	0.351	0.425	0.495
	其中	普工	工日	0.060	0.070	0.085	0.099
		一般技工	工日	0.226	0.263	0.319	0.371
		高级技工	工日	0.015	0.018	0.021	0.025
材料	系统电缆		根	(1.000)	(1.000)	(1.000)	(1.000)
	尼龙扎带(综合)		根	5.000	7.000	7.000	7.000
	位号牌		个	2.000	2.000	2.000	2.000
	其他材料费		%	5.00	5.00	5.00	5.00
机械	载货汽车 – 普通货车 4t		台班	0.005	0.006	0.007	0.010
仪表	铭牌打印机		台班	0.024	0.024	0.024	0.024
	接地电阻测试仪		台班	0.015	0.015	0.015	0.015
	手持式万用表		台班	0.064	0.074	0.090	0.105

工作内容: 检查、敷设、固定。

计量单位:100m

编 号				6-8-5	6-8-6	6-8-7	6-8-8
项 目				通信缆线(对)			
				4 以内	25 以内	50 以内	50 以外
名 称			单位	消 耗 量			
人工	合计工日		工日	0.556	1.558	1.935	2.409
	其中	普工	工日	0.417	1.168	1.451	1.807
		一般技工	工日	0.111	0.312	0.387	0.482
		高级技工	工日	0.028	0.078	0.097	0.120
材料	超五类屏蔽双绞线		m	(102.000)	(102.000)	(102.000)	(102.000)
	尼龙扎带(综合)		根	2.000	5.000	8.000	10.000
	镀锌铁丝 φ1.4~2.5		kg	0.300	0.100	0.100	0.100
	其他材料费		%	5.00	5.00	5.00	5.00
机械	载货汽车 – 普通货车 4t		台班	—	0.010	0.020	0.030

工作内容： 开箱检查、架线盘、敷设、切断、固定、临时封头。　　　　　　　　　　　　　　　计量单位：100m

编　号			6-8-9	6-8-10	6-8-11	6-8-12	6-8-13	6-8-14	6-8-15	6-8-16
项　目			自动化电缆敷设（1.5mm² 以内）（芯）							
			2	4以内	6以内	12以内	24以内	39以内	48以内	61以内
名　称		单位	消耗量							
人工	合计工日	工日	1.464	1.569	1.944	2.637	2.740	3.596	4.514	6.463
	其中 普工	工日	1.098	1.177	1.458	1.978	2.055	2.697	3.385	4.847
	一般技工	工日	0.293	0.314	0.389	0.527	0.548	0.719	0.903	1.293
	高级技工	工日	0.073	0.078	0.097	0.132	0.137	0.180	0.226	0.323
材料	电缆	m	(102.000)	(102.000)	(102.000)	(102.000)	(102.000)	(102.000)	(102.000)	(102.000)
	镀锌电缆卡子（综合）	个	6.000	6.000	6.000	5.000	5.000	4.000	4.000	4.000
	绝缘胶布 20m/卷	卷	0.300	0.300	0.200	0.100	0.080	0.060	0.050	0.060
	尼龙扎带（综合）	根	2.000	2.000	3.000	4.000	4.000	4.000	4.000	4.000
	细白布 宽 900mm	m	—	—	—	—	—	0.060	0.060	0.100
	镀锌铁丝 φ1.4~2.5	kg	0.300	0.300	0.200	0.200	0.150	—	—	—
	其他材料费	%	5.00	5.00	5.00	5.00	5.00	5.00	5.00	5.00
机械	汽车式起重机 16t	台班	—	—	—	0.006	0.009	0.016	0.018	0.024
	载货汽车 – 普通货车 4t	台班	—	0.004	0.005	0.007	0.011	0.013	0.017	0.021

工作内容: 开箱检查、架线盘、敷设、切断、固定、临时封头。 计量单位:100m

编　号			6-8-17	6-8-18	6-8-19	6-8-20	6-8-21	6-8-22	6-8-23
项　目			自动化电缆敷设 （2.5mm² 以下）（芯）						
			2	4以下	6以下	12以下	24以下	48以下	61以下
名　称		单位	消　耗　量						
人工	合计工日	工日	1.608	1.797	2.183	2.833	3.594	5.956	8.109
	其中 普工	工日	1.206	1.348	1.637	2.124	2.695	4.467	6.082
	一般技工	工日	0.322	0.359	0.437	0.567	0.719	1.191	1.622
	高级技工	工日	0.080	0.090	0.109	0.142	0.180	0.298	0.405
材料	电缆	m	(102.000)	(102.000)	(102.000)	(102.000)	(102.000)	(102.000)	(102.000)
	镀锌电缆卡子（综合）	个	6.000	6.000	5.000	5.000	4.000	3.000	3.000
	绝缘胶布 20m/卷	卷	0.300	0.300	0.300	0.250	0.100	0.080	0.080
	尼龙扎带（综合）	根	2.000	2.000	3.000	4.000	4.000	6.000	6.000
	细白布 宽 900mm	m	—	—	—	—	0.060	0.060	0.100
	镀锌铁丝 φ1.4~2.5	kg	0.300	0.300	0.200	0.200	0.150	0.150	—
	其他材料费	%	5.00	5.00	5.00	5.00	5.00	5.00	5.00
机械	汽车式起重机 16t	台班	—	—	0.006	0.011	0.014	0.018	
	载货汽车－普通货车 4t	台班	—	0.005	0.006	0.008	0.015	0.015	0.019

工作内容：开箱检查、架线盘、敷设、切断、固定、临时封头。　　　　　　　　　　计量单位：100m

编　号			6-8-24	6-8-25	6-8-26	6-8-27
项　目			自动化电缆敷设（10mm² 以内）（芯以下）			
			3	6	10	14
名　称		单位	消　耗　量			
人工	合计工日	工日	2.805	3.691	5.201	6.236
	其中 普工	工日	2.104	2.768	3.901	4.677
	一般技工	工日	0.561	0.738	1.040	1.247
	高级技工	工日	0.140	0.185	0.260	0.312
材料	电缆	m	（102.000）	（102.000）	（102.000）	（102.000）
	镀锌电缆卡子（综合）	个	5.000	4.000	3.000	3.000
	绝缘胶布 20m/卷	卷	0.100	0.150	0.200	0.300
	尼龙扎带（综合）	根	4.000	4.000	5.000	5.000
	镀锌铁丝 φ1.4~2.5	kg	0.300	0.200	0.150	0.150
	其他材料费	%	5.00	5.00	5.00	5.00
机械	汽车式起重机 16t	台班	0.008	0.012	0.017	0.021
	载货汽车－普通货车 4t	台班	0.008	0.013	0.019	0.023

工作内容：制作、固定、校线、套线号、绝缘测定、接地、挂牌。　　　　　　　　**计量单位：个**

编　号			6-8-28	6-8-29	6-8-30	6-8-31	6-8-32
项　　目			电缆终端头制作、安装（2.5mm² 以下）（芯）				
			2	4	6	12	24
名　　称		单位	消　耗　量				
人工	合计工日		工日	0.168	0.221	0.275	0.379	0.537
	其中	普工	工日	0.034	0.044	0.055	0.076	0.107
		一般技工	工日	0.126	0.166	0.206	0.284	0.403
		高级技工	工日	0.008	0.011	0.014	0.019	0.027
材料	热缩管		m	（0.150）	（0.150）	（0.150）	（0.150）	（0.150）
	镀锌电缆卡子（综合）		个	0.500	0.500	0.500	0.500	0.500
	接线铜端子头		个	2.200	4.400	6.600	13.200	26.400
	接地线 5.5~16.0mm²		m	0.600	0.600	0.600	0.600	0.600
	铜芯塑料绝缘软电线 BVR-1.5mm²		m	0.500	0.500	0.500	0.500	0.500
	电气绝缘胶带 18mm×10m×0.13mm		卷	0.036	0.072	0.108	0.216	0.432
	标签纸（综合）		m	0.050	0.070	0.080	0.140	0.200
	尼龙扎带（综合）		根	0.500	0.500	0.500	0.500	0.500
	线号套管（综合）		m	0.100	0.160	0.250	0.500	0.800
	铁砂布 0#~2#		张	0.100	0.200	0.400	0.540	0.450
	细白布 宽 900mm		m	0.050	0.050	0.050	0.050	0.050
	位号牌		个	1.000	1.000	1.000	1.000	1.000
	其他材料费		%	5.00	5.00	5.00	5.00	5.00
仪表	铭牌打印机		台班	0.012	0.012	0.012	0.012	0.012
	线号打印机		台班	0.004	0.008	0.012	0.024	0.048
	接地电阻测试仪		台班	0.050	0.050	0.050	0.050	0.050
	数字式快速对线仪		台班	0.010	0.015	0.020	0.025	0.030
	电缆测试仪		台班	0.010	0.010	0.010	0.010	0.010
	手持式万用表		台班	0.028	0.037	0.045	0.063	0.089
	兆欧表		台班	0.030	0.030	0.030	0.030	0.030
	对讲机（一对）		台班	0.028	0.037	0.045	0.063	0.089

工作内容：制作、固定、校线、套线号、绝缘测定、接地、挂牌。　　　　　　　　　　　　　　　　**计量单位：**个

编　号			6-8-33	6-8-34	6-8-35	6-8-36
项　目			电缆终端头制作、安装（2.5mm² 以下）（芯以下）			
			39	48	54	61
名　称		单位	消　耗　量			
人工	合计工日		工日	0.876	1.088	1.225	1.379
	其中	普工	工日	0.175	0.218	0.245	0.276
		一般技工	工日	0.657	0.816	0.919	1.034
		高级技工	工日	0.044	0.054	0.061	0.069
材料	热缩管		m	（0.150）	（0.150）	（0.150）	（0.150）
	镀锌电缆卡子（综合）		个	0.500	0.500	0.500	0.500
	接线铜端子头		个	42.900	52.800	59.400	67.100
	接地线 5.5~16.0mm²		m	0.600	0.600	0.600	0.600
	铜芯塑料绝缘软电线 BVR-1.5mm²		m	0.500	0.500	0.500	0.500
	电气绝缘胶带 18mm×10m×0.13mm		卷	0.562	0.691	0.778	0.878
	标签纸（综合）		m	0.400	0.500	0.600	0.700
	尼龙扎带（综合）		根	0.500	0.500	0.500	0.500
	线号套管（综合）		m	2.000	2.400	2.800	3.000
	铁砂布 0#~2#		张	0.600	0.700	1.000	1.500
	细白布 宽 900mm		m	0.050	0.050	0.050	0.050
	位号牌		个	1.000	1.000	1.000	1.000
	其他材料费		%	5.00	5.00	5.00	5.00
仪表	铭牌打印机		台班	0.012	0.012	0.012	0.012
	线号打印机		台班	0.078	0.096	0.108	0.122
	接地电阻测试仪		台班	0.050	0.050	0.050	0.050
	数字式快速对线仪		台班	0.050	0.060	0.070	0.080
	电缆测试仪		台班	0.010	0.010	0.010	0.010
	手持式万用表		台班	0.145	0.180	0.203	0.226
	兆欧表		台班	0.030	0.030	0.030	0.030
	对讲机（一对）		台班	0.145	0.180	0.203	0.226

工作内容:制作、固定、校线、套线号、绝缘测定、接地、挂牌。 **计量单位:**个

	编 号		6-8-37	6-8-38	6-8-39	6-8-40
	项 目		电缆终端制作、安装（10mm² 以下）（芯以下）			
			3	6	10	14
	名 称	单位	消 耗 量			
人工	合计工日	工日	0.215	0.322	0.454	0.571
	其中 普工	工日	0.043	0.064	0.091	0.114
	一般技工	工日	0.161	0.242	0.340	0.428
	高级技工	工日	0.011	0.016	0.023	0.029
材料	热缩管	m	（0.150）	（0.150）	（0.150）	（0.150）
	铜接线端子	个	3.300	6.600	11.000	15.400
	镀锌电缆卡子（综合）	个	0.500	0.500	0.500	0.500
	接地线 5.5~16.0mm²	m	0.600	0.600	0.600	0.600
	细白布 宽 900mm	m	0.050	0.050	0.050	0.050
	塑料胶布带 20mm×50m	卷	0.068	0.135	0.225	0.315
	标签纸（综合）	m	0.300	0.300	0.300	0.300
	尼龙扎带（综合）	根	0.500	0.500	0.500	0.500
	线号套管（综合）	m	0.160	0.250	0.340	0.430
	铁砂布 0#~2#	张	0.600	0.700	0.800	0.900
	位号牌	个	1.000	1.000	1.000	1.000
	其他材料费	%	5.00	5.00	5.00	5.00
仪表	铭牌打印机	台班	0.012	0.012	0.012	0.012
	线号打印机	台班	0.006	0.012	0.020	0.028
	接地电阻测试仪	台班	0.050	0.050	0.050	0.050
	数字式快速对线仪	台班	0.010	0.015	0.025	0.030
	电缆测试仪	台班	0.010	0.010	0.010	0.010
	手持式万用表	台班	0.036	0.053	0.075	0.095
	兆欧表	台班	0.030	0.030	0.030	0.030
	对讲机（一对）	台班	0.036	0.053	0.075	0.095

工作内容: 制作、固定、校线、套线号、绝缘测定、接地、挂牌。　　　　　　　　　　　　　　计量单位:个

编　号			6-8-41	6-8-42	6-8-43	6-8-44
项　目			通信专用缆线终端(对芯)			
			4	25	50	每增4
名　称		单位	消　耗　量			
人工	合计工日	工日	0.069	0.179	0.294	0.031
	其中 普工	工日	0.014	0.036	0.059	0.006
	一般技工	工日	0.052	0.134	0.220	0.023
	高级技工	工日	0.003	0.009	0.015	0.002
材料	电缆线接头	个	(1.000)	—	—	—
	标签纸(综合)	m	—	0.100	0.100	—
	清洁布 250×250	块	0.200	0.400	0.500	0.020
	其他材料费	%	5.00	5.00	5.00	5.00
仪表	网络测试仪	台班	0.012	0.030	0.049	0.005
	对讲机(一对)	台班	0.014	0.037	0.061	0.006

2. 光 缆 敷 设

工作内容: 敷设、复测试验、接头熔接、接续、成套附件安装、固定。　　　　　　　　　　　计量单位:100m

编　号			6-8-45	6-8-46	6-8-47	6-8-48	6-8-49
项　目			光缆敷设(芯/束以下)				
			6			12	
			沿桥架支架	沿电缆沟/埋地	穿保护管	沿槽盒支架	沿电缆沟/埋地
名　称		单位	消　耗　量				
人工	合计工日	工日	1.804	1.392	2.435	2.598	1.479
	其中 普工	工日	0.361	0.278	0.487	0.520	0.296
	一般技工	工日	1.353	1.044	1.826	1.948	1.109
	高级技工	工日	0.090	0.070	0.122	0.130	0.074
材料	光缆	m	(102.000)	(102.000)	(102.000)	(102.000)	(102.000)
	镀锌铁丝 φ1.4~2.5	kg	—	—	0.300	—	—
	电缆卡子(综合)	个	5.000	2.000	—	4.000	2.000
	尼龙扎带(综合)	根	3.000	5.000	—	4.000	3.000
	其他材料费	%	5.00	5.00	5.00	5.00	5.00
机械	载货汽车-普通货车 4t	台班	0.002	0.002	0.002	0.005	0.005
	汽车式起重机 16t	台班	0.002	0.002	0.002	0.005	0.005

工作内容：1. 复测试验、接头熔接、接续、成套附件安装、固定、挂牌。

　　　　　　2. 成端头、堵头制作、固定，绝缘试验、特性及电气性能测试、护层对地测试。

编　号			6-8-50	6-8-51	6-8-52	6-8-53	6-8-54
项　目			光缆接头制作（芯/束以下）		光缆成端头	光缆中继段测试	光电端机
			6	12			
			个			段	台
名　称		单位	消　耗　量				
人工	合计工日	工日	0.780	1.284	0.393	0.903	2.071
	其中　普工	工日	0.156	0.257	0.079	0.181	0.414
	一般技工	工日	0.585	0.963	0.294	0.677	1.553
	高级技工	工日	0.039	0.064	0.020	0.045	0.104
材料	成套附件	套	(1.000)	(1.000)	—	—	—
	熔接接头及器材	套	(1.000)	(1.000)	—	—	—
	光缆终端活接头及附件	套	—	—	(1.010)	—	—
	光缆接头盒	套	(1.000)	(1.000)	—	—	—
	加感线圈	个	(1.000)	(1.000)	—	—	—
	地线装置	套	(1.000)	(1.000)	—	—	—
	接续材料	套	(6.000)	(12.000)	—	—	—
	接地线 5.5~16.0mm²	m	—	—	—	—	1.000
	细白布 宽 900mm	m	0.100	0.100	—	—	0.200
	位号牌	个	1.000	1.000	1.000	—	1.000
	其他材料费	%	5.00	5.00	5.00	5.00	5.00
仪表	铭牌打印机	台班	0.012	0.012	0.012	—	0.012
	光纤熔接机	台班	0.030	0.060	—	—	—
	光纤测试仪	台班	0.072	0.119	0.036	0.088	0.200
	光功率计	台班	0.109	0.179	0.054	0.132	0.300
	高稳定度光源	台班	—	—	—	0.132	0.300
	手持光损耗测试仪	台班	0.036	0.060	—	0.044	—
	手提式光纤多用表	台班	0.072	0.119	0.036	0.088	0.200

3. 同轴电缆敷设

工作内容： 运输、开箱检查、架线盘、敷设、切断、固定、临时封头。

编　号		6-8-55	6-8-56	6-8-57	6-8-58	6-8-59
项　目		沿桥架/支架敷设（芯以下）		穿管敷设	同轴电缆终端头制作	
		2	8		2 芯	8 芯
		100m			个	
名　称	单位	消　耗　量				
人工 合计工日	工日	1.232	1.631	1.932	0.100	0.245
其中 普工	工日	0.246	0.326	0.386	0.020	0.049
一般技工	工日	0.924	1.223	1.449	0.075	0.184
高级技工	工日	0.062	0.082	0.097	0.005	0.012
材料 同轴电缆	m	（102.000）	（102.000）	（102.000）	—	—
同轴电缆终端接头及附件	套	—	—	—	（1.000）	（1.000）
电缆卡子（综合）	个	6.000	4.500	—	—	—
接地线 5.5~16.0mm²	m	—	—	—	1.000	1.000
尼龙扎带（综合）	根	9.000	9.000	—	—	—
绝缘胶布 20m/卷	卷	0.005	0.010	0.010	—	—
细白布 宽 900mm	m	0.020	0.050	0.050	—	—
铁砂布 0#~2#	张	—	—	—	0.300	1.000
其他材料费	%	5.00	5.00	5.00	5.00	5.00
机械 载货汽车－普通货车 4t	台班	—	0.010	0.005	—	—
汽车式起重机 16t	台班	—	0.010	0.005	—	—
仪表 手持式万用表	台班	—	—	—	0.011	0.044

二、通信设备安装和试验

1. 扩音对讲系统安装调试

工作内容: 安装、对号、校接线、单元检查、调整、呼叫、通话系统试验。　　　　　　　　　　　　计量单位:台

编　号			6-8-60	6-8-61	6-8-62	6-8-63	6-8-64
项　目			扩音对讲话站				
			室外普通式	防爆型	防水型	室内壁挂式	桌面安装
名　称		单位	消　耗　量				
人工	合计工日	工日	0.463	0.544	0.463	0.440	0.232
	其中	普工	工日	0.093	0.109	0.093	0.088	0.046
		一般技工	工日	0.347	0.408	0.347	0.330	0.174
		高级技工	工日	0.023	0.027	0.023	0.022	0.012
材料	清洁布 250×250	块	0.300	0.300	0.300	0.300	0.300
	接地线 5.5~16.0mm²	m	—	1.000	—	—	—
	密封剂	kg	—	0.025	—	0.050	—
	其他材料费	%	5.00	5.00	5.00	5.00	—
仪表	手持式万用表	台班	0.022	0.022	0.022	0.022	0.022
	接地电阻测试仪	台班	—	0.050	—	—	—
	对讲机(一对)	台班	0.036	0.036	0.036	0.036	0.036

工作内容：安装、对号、校接线、单元检查、调整、呼叫、通话系统试验。　　　　　　　　　　　　**计量单位：**台

		编　号		6-8-65	6-8-66	6-8-67
		项　目		扩音对讲话站		
				扩音对讲转接器	电源控制箱	数字程控调度机
		名　称	单位	消　耗　量		
人工		合计工日	工日	0.197	2.381	5.672
	其中	普工	工日	0.039	0.476	1.134
		一般技工	工日	0.148	1.786	4.254
		高级技工	工日	0.010	0.119	0.284
材料		清洁布 250×250	块	0.300	0.500	0.500
		细白布	m	—	0.400	0.400
		接地线 5.5~16.0mm²	m	—	1.000	1.000
		塑料胶带	m	—	3.000	—
		其他材料费	%	5.00	5.00	5.00
仪表		手持式万用表	台班	0.029	0.066	0.528
		数字电压表	台班	—	0.066	0.352
		接地电阻测试仪	台班	—	0.050	0.050
		对讲机（一对）	台班	0.048	0.120	0.960

工作内容: 安装、对号、校接线、单元检查、调整、呼叫、通话系统试验。　　　　　　　　　　　　　　　　　　**计量单位:** 台

编　号			6-8-68	6-8-69	6-8-70	6-8-71
项　目			扩音对讲话机安装			
			普通型	防爆带箱型	无线普通型	无线防爆带箱型
名　称		单位	消　耗　量			
	合计工日	工日	0.077	0.354	0.121	0.354
人工	其中 普工	工日	0.015	0.071	0.024	0.071
	一般技工	工日	0.058	0.265	0.091	0.265
	高级技工	工日	0.004	0.018	0.006	0.018
材料	细白布	m	0.100	0.050	—	—
	防爆阻燃密封剂	kg	—	0.025	—	—
	其他材料费	%	5.00	5.00	5.00	5.00
仪表	手持式万用表	台班	—	—	0.150	0.150
	接地电阻测试仪	台班	0.050	0.050	0.050	0.050
	对讲机(一对)	台班	—	—	0.048	0.048

工作内容: 安装、对号、校接线、单元检查、调整、呼叫、通话系统试验。　　　　　　　　　计量单位:台

编　号			6-8-72	6-8-73	6-8-74	6-8-75	6-8-76	6-8-77	6-8-78
项　目			扩音设备安装						
			防爆防水扬声器	扩音转接器	阻抗均衡器	防爆增音器	吸顶式音箱	壁挂式音箱	扩音调度台
名　称		单位	消　耗　量						
人工	合计工日	工日	0.441	0.176	0.132	0.155	0.331	0.199	0.429
	其中 普工	工日	0.088	0.035	0.026	0.031	0.066	0.040	0.086
	一般技工	工日	0.331	0.132	0.099	0.116	0.248	0.149	0.322
	高级技工	工日	0.022	0.009	0.007	0.008	0.017	0.010	0.021
材料	细白布	m	0.050	—	—	—	—	0.050	—
	清洁布 250×250	块	—	0.200	0.200	0.200	—	—	0.400
	接地线 5.5~16.0mm²	m	1.000	—	—	—	—	—	—
	其他材料费	%	5.00	5.00	5.00	5.00	5.00	5.00	5.00
机械	平台作业升降车 9m	台班	0.080	—	—	—	—	—	—
仪表	手持式万用表	台班	—	0.034	0.022	0.028	—	—	0.084
	数字电压表	台班	—	0.034	0.022	0.028	—	—	0.084
	综合测试仪	台班	—	—	—	—	—	—	0.024
	接地电阻测试仪	台班	0.050	—	—	—	—	—	—
	对讲机(一对)	台班	—	0.048	0.032	0.040	—	—	0.120

工作内容: 安装、对号、校接线、单元检查、调整、呼叫、通话系统试验。　　　　　　　　　计量单位:套

编　号			6-8-79	6-8-80	6-8-81
项　目			对讲电话调试		
			集中放大式	相互式	复合式
名　称		单位	消　耗　量		
人工	合计工日	工日	4.631	2.701	6.175
	其中 普工	工日	0.926	0.540	1.235
	一般技工	工日	3.473	2.026	4.631
	高级技工	工日	0.232	0.135	0.309
材料	其他材料费	%	5.00	5.00	5.00
仪表	手持式万用表	台班	1.680	0.980	2.240
	数字电压表	台班	1.680	0.980	3.200
	综合测试仪	台班	0.480	0.280	0.640
	对讲机(一对)	台班	2.400	1.400	3.200

2. 自动指令呼叫系统和载波电话安装试验

工作内容： 安装、对号、校接线、单元检查、调整、呼叫、通话系统试验。

	编　号		6-8-82	6-8-83	6-8-84	6-8-85	6-8-86
	项　目		数字程控指令呼叫主机机柜安装试验（容量）				
			16	32	48	60	系统电源模块
			路				个
	名　称	单位	消　耗　量				
人工	合计工日	工日	4.246	6.397	12.139	14.949	0.331
	其中 普工	工日	0.849	1.279	2.428	2.990	0.066
	一般技工	工日	3.185	4.798	9.104	11.212	0.248
	高级技工	工日	0.212	0.320	0.607	0.747	0.017
材料	接地线 5.5~16.0mm²	m	1.500	1.500	1.500	1.500	—
	细白布 宽 900mm	m	0.300	0.300	0.500	0.500	—
	其他材料费	%	5.00	5.00	5.00	5.00	5.00
仪表	手持式万用表	台班	0.226	0.374	0.881	1.096	—
	兆欧表	台班	0.030	0.030	0.030	0.030	—
	接地电阻测试仪	台班	0.050	0.050	0.050	0.050	—
	对讲机（一对）	台班	0.330	0.440	0.550	0.660	0.055

工作内容：安装、对号、校接线、单元检查、调整、呼叫、通话系统试验。　　　　　　　　　　　　　　　**计量单位**：套

编　号			6-8-87	6-8-88	6-8-89
项　目			自动指令呼叫设备安装校线（40门）	自动指令呼叫装置调试	
				主放大器 1kW	主放大器 3kW
名　称		单位	消　耗　量		
人工	合计工日	工日	10.320	6.306	7.761
	其中 普工	工日	2.064	1.261	1.552
	一般技工	工日	7.740	4.730	5.821
	高级技工	工日	0.516	0.315	0.388
材料	接地线 5.5~16.0mm²	m	4.000	—	—
	细白布 宽 900mm	m	0.500	—	—
	其他材料费	%	5.00	5.00	5.00
仪表	手持式万用表	台班	1.030	1.258	1.549
	综合测试仪	台班	—	0.839	1.033
	PCM 话路特性测试仪	台班	—	0.839	1.033
	数字电压表	台班	—	1.049	1.291
	对讲机（一对）	台班	—	1.049	1.291

工作内容：安装、对号、校接线、单元检查、调整、呼叫、通话系统试验。 计量单位：套

		编　号		6-8-90	6-8-91	6-8-92
		项　目		载波电话安装调试		
				固定局	移动局	系统调试
		名　称	单位	消　耗　量		
人工		合计工日	工日	1.466	1.940	13.231
	其中	普工	工日	0.293	0.388	2.646
		一般技工	工日	1.100	1.455	9.923
		高级技工	工日	0.073	0.097	0.662
材料		细白布	m	0.300	0.300	—
		塑料胶布带 20mm×50m	卷	0.050	0.050	—
		其他材料费	%	5.00	5.00	5.00
机械		载货汽车－普通货车 2t	台班	0.010	0.010	—
仪表		手持式万用表	台班	0.099	0.198	—
		PCM 话路特性测试仪	台班	—	—	1.760
		数字电压表	台班	—	—	2.200
		笔记本电脑	台班	—	—	1.760
		对讲机（一对）	台班	0.341	0.452	3.080

工作内容: 安装、对号、校接线、单元检查、调整、系统试验。

编　号			6-8-93	6-8-94	6-8-95	6-8-96	6-8-97
项　目			GPS收发机安装测试	无线电台	无线电台天线（4扇/组）	环形天线安装	增益天线安装
			台		组		
名　称		单位	消　耗　量				
人工	合计工日	工日	0.121	0.298	2.381	0.661	0.856
	其中 普工	工日	0.024	0.060	0.476	0.132	0.171
	一般技工	工日	0.091	0.223	1.786	0.496	0.642
	高级技工	工日	0.006	0.015	0.119	0.033	0.043
材料	细白布 宽900mm	m	—	—	—	0.200	0.200
	塑料胶布带 20mm×50m	卷	—	0.050	—	0.050	—
	其他材料费	%	5.00	5.00	5.00	5.00	5.00
机械	载货汽车－普通货车 2t	台班	0.020	0.010	0.100	0.010	0.010
仪表	手持式万用表	台班	—	—	—	0.004	0.044
	笔记本电脑	台班	0.028	0.069	—	—	—
	对讲机（一对）	台班	0.028	0.069	0.554	0.154	0.199

三、其他项目安装

工作内容: 防爆挠性管安装、密封、接头安装。

编　号				6-8-98	6-8-99	6-8-100	6-8-101	6-8-102	6-8-103	6-8-104	6-8-105
项　目				金属穿线盒		金属挠性管安装		电缆密封接头		隔离密封盒	
				普通型	防爆型	普通型	防爆型	普通型	防爆型	普通型	防爆型
				10个		10根		10个			
名　称			单位	消　耗　量							
人工	合计工日		工日	0.561	0.700	0.556	0.706	0.157	0.296	0.616	0.724
	其中	普工	工日	0.112	0.140	0.111	0.141	0.031	0.059	0.123	0.145
		一般技工	工日	0.421	0.525	0.417	0.530	0.118	0.222	0.462	0.543
		高级技工	工日	0.028	0.035	0.028	0.035	0.008	0.015	0.031	0.036
材料	光缆接线密封盒		个	—	—	—	—	—	—	(10.000)	(10.000)
	挠性管(带接头)		根	—	—	(10.100)	(10.100)	—	—	—	—
	穿线盒		个	(10.200)	(10.200)	—	—	—	—	—	—
	电缆密封接头		套	—	—	—	—	(10.200)	(10.200)	—	—
	清洗剂 500mL		瓶	0.100	—	0.300	—	—	—	—	—
	细白布 宽 900mm		m	0.050	0.020	0.050	0.020	0.010	0.010	—	—
	防爆阻燃密封剂		kg	—	0.080	—	0.015	—	0.010	—	0.010
	其他材料费		%	5.00	5.00	5.00	5.00	5.00	5.00	5.00	5.00

工作内容：孔洞封堵、接地焊接。

编　号			6-8-106	6-8-107	6-8-108
项　目			孔洞封堵		铜包钢接地焊接
			防爆胶泥	发泡剂	
			kg		点
名　称		单位	消　耗　量		
人工	合计工日	工日	0.049	0.109	0.077
	其中 普工	工日	0.010	0.022	0.015
	一般技工	工日	0.037	0.082	0.058
	高级技工	工日	0.002	0.005	0.004
材料	防爆胶泥	kg	（1.040）	—	—
	发泡剂	kg	—	（1.040）	—
	点火器具及附件	套	—	—	（0.100）
	焊药（铜包钢）	包	—	—	（1.000）
	铁砂布 0#~2#	张	—	—	0.250
	细白布 宽 900mm	m	0.030	0.030	0.010
	其他材料费	%	5.00	5.00	5.00

第九章　仪表盘、箱、柜及附件安装

说 明

一、本章内容包括：各种仪表盘、柜、箱、盒安装，盘柜附件、元件安装与制作，盘、柜校接线。

1. 所列"盘柜接线检查"项目是为成套仪表盘校线设置的，不适用接线箱、组（插）件箱、计算机机柜检查接线。

2. 由外部电缆进入箱、柜端子板校接线的工作执行本章"端子板校接线"项目。

二、本章包括以下工作内容：

1. 盘柜安装：开箱、检查、清扫、领搬、找正、组装、固定、接地、打印标签。

2. 盘配线、端子板校接线、接线检查、排线、打印字码、套线号、挂焊锡或压接端子、专用插头检查校线、盘内线路检查。

3. 控制室密封：密封剂领搬、密封、固化、检查。

4. 盘上元件：安装、检查、校接线、试验、接地。

5. 接线箱：安装、接线检查、套线号、接地。

6. 电磁阀箱：箱及箱内阀安装、接线、接地、接管、挂位号牌。

7. 充气式仪表柜充气试压，密封性能试验检测。

三、本章不包括以下工作内容：

1. 支架制作和安装。

2. 盘、箱、柜底座制作和安装。

3. 盘箱柜制作及喷漆。

4. 空调装置。

5. 控制室照明。

工程量计算规则

一、仪表盘、箱、柜安装按"台"为计量单位。基础支架（支座）执行第四册《电气设备与线缆安装工程》相应项目。

二、盘上安装元件、部件应计安装工程量。随盘成套的元件、部件已安装，不得另行计算。

三、仪表盘开孔按"个"为计量单位，每一个开孔尺寸是 80mm×160mm 以内，超过时，按比例增加计算。

四、密封材料按"100kg"为计量单位，包括领搬、密封、固化、检查、清理、凡控制室需要进行密封的工程，均可执行本章项目。

五、接线箱按端子数划分子目，一个端子有一对接线，按"台"为计量单位。

六、电磁阀箱按出口点按"台"为计量单位。

七、端子板安装按"组"计算，每组 10 个端子。

一、仪表盘、箱、柜安装

工作内容： 开箱、检查、就位、组装、找正、固定、接地、清理、挂牌。　　　　　　　　　　　　计量单位：台

编　号			6-9-1	6-9-2	6-9-3	6-9-4	6-9-5
项　目			大型通道盘	柜式、框架式盘	组合式盘台	屏式盘	充气式仪表柜
名　称		单位	消　耗　量				
人工	合计工日	工日	5.876	3.899	4.727	1.169	6.009
	其中　普工	工日	1.763	1.170	1.418	0.351	1.803
	一般技工	工日	4.113	2.729	3.309	0.818	4.206
材料	垫铁	kg	1.200	0.800	1.200	0.400	0.800
	接地线 5.5~16.0mm²	m	0.800	0.800	0.800	0.800	1.500
	细白布 宽 900mm	m	0.050	0.050	0.050	0.050	0.200
	标签纸（综合）	m	0.300	0.300	0.300	0.100	0.200
	位号牌	个	—	—	—	—	1.000
	其他材料费	%	5.00	5.00	5.00	5.00	5.00
机械	电动空气压缩机 0.6m³/min	台班	—	—	—	—	0.300
	叉式起重机 3t	台班	0.200	0.200	0.200	0.100	—
	载货汽车 - 普通货车 8t	台班	0.200	0.150	0.150	0.080	0.200
	汽车式起重机 16t	台班	0.100	0.060	0.100	0.040	0.100
仪表	线号打印机	台班	0.040	0.020	0.040	0.020	0.020
	铭牌打印机	台班	—	—	—	—	0.012
	手持式万用表	台班	0.564	0.367	0.450	0.106	0.289
	接地电阻测试仪	台班	0.050	0.050	0.050	0.050	0.050

工作内容：开箱、检查、就位、组装、找正、固定、接地、清理、挂牌。 **计量单位：**台

编　号			6-9-6	6-9-7	6-9-8	6-9-9
项　目			半模拟盘（1.4m²）	操作台	挂式盘	盘、柜转角板、侧壁板
名　称		单位	消　耗　量			
人工	合计工日	工日	1.429	2.077	0.609	0.450
	其中 普工	工日	0.429	0.623	0.183	0.135
	其中 一般技工	工日	1.000	1.454	0.426	0.315
材料	垫铁	kg	—	1.200	—	0.600
	接地线 5.5~16.0mm²	m	0.050	0.800	1.000	—
	细白布 宽 900mm	m	0.100	0.100	0.050	0.050
	标签纸（综合）	m	0.300	0.300	0.200	—
	其他材料费	%	5.00	5.00	5.00	5.00
机械	叉式起重机 3t	台班	—	0.030	—	—
	载货汽车－普通货车 8t	台班	0.020	0.030	—	—
仪表	线号打印机	台班	0.040	0.040	0.030	—
	手持式万用表	台班	0.143	0.204	0.061	—

工作内容： 安装、固定、开孔、校接线、套线号、管件安装、接地、挂牌。　　　　　　　　计量单位：台

编　号			6-9-10	6-9-11	6-9-12	6-9-13
项　目			接线箱/盒（端子数以下）			
			6	14	48	60
名　称		单位	消　耗　量			
人工	合计工日	工日	0.410	0.747	1.590	2.364
	其中 普工	工日	0.123	0.224	0.477	0.709
	一般技工	工日	0.287	0.523	1.113	1.655
材料	管件 DN15 以下	套	（4.000）	（5.000）	（7.000）	（12.000）
	垫铁	kg	—	—	0.080	1.000
	接地线 5.5~16.0mm²	m	1.000	1.500	1.500	1.500
	铜芯塑料绝缘电线 BV-1.5mm²	m	1.000	2.000	4.000	6.000
	线号套管（综合）	m	0.050	0.100	0.290	0.360
	细白布 宽 900mm	m	0.020	0.030	0.050	0.050
	位号牌	个	1.000	1.000	1.000	1.000
	其他材料费	%	5.00	5.00	5.00	5.00
仪表	线号打印机	台班	0.012	0.028	0.096	0.120
	铭牌打印机	台班	0.012	0.012	0.012	0.012
	数字式快速对线仪	台班	0.072	0.131	0.278	0.413
	手持式万用表	台班	0.093	0.170	0.361	0.536
	接地电阻测试仪	台班	0.050	0.050	0.050	0.050
	对讲机（一对）	台班	0.061	0.112	0.238	0.354

工作内容：安装、固定、开孔、校接线、套线号、管件安装、接地、挂牌。　　　　　　　　　计量单位：台

编　号			6-9-14	6-9-15	6-9-16	6-9-17
项　目			防爆接线箱/盒（端子数以下）			
			6	14	48	60
名　称		单位	消　耗　量			
人工	合计工日		工日	0.481	0.767	1.608	2.437
	其中	普工	工日	0.144	0.230	0.482	0.731
		一般技工	工日	0.337	0.537	1.126	1.706
材料	管件 DN15 以下		套	（4.000）	（5.000）	（7.000）	（12.000）
	垫铁		kg	—	—	0.080	1.000
	接地线 5.5~16.0mm²		m	1.000	1.500	1.500	1.500
	铜芯塑料绝缘电线 BV-1.5mm²		m	1.000	2.000	4.000	6.000
	线号套管（综合）		m	0.050	0.100	0.290	0.360
	细白布 宽 900mm		m	0.020	0.080	0.100	0.100
	防爆阻燃密封剂		kg	0.010	0.020	0.040	0.050
	位号牌		个	1.000	1.000	1.000	1.000
	其他材料费		%	5.00	5.00	5.00	5.00
仪表	线号打印机		台班	0.012	0.028	0.096	0.120
	铭牌打印机		台班	0.012	0.012	0.012	0.012
	数字式快速对线仪		台班	0.096	0.153	0.321	0.486
	手持式万用表		台班	0.120	0.191	0.401	0.608
	接地电阻测试仪		台班	0.050	0.050	0.050	0.050
	对讲机（一对）		台班	0.072	0.115	0.241	0.365

工作内容: 安装、固定、开孔、校接线、套线号、管件安装、接地、挂牌。　　　　　　　　计量单位:台

	编　号		6-9-18	6-9-19	6-9-20	6-9-21	6-9-22	6-9-23
	项　目		保温(护)箱		电磁阀箱出口点(点以下)			供电箱
			玻璃钢	钢制	5	12	19	
	名　称	单位	消　耗　量					
人工	合计工日	工日	1.376	1.164	1.096	1.764	2.223	1.746
	其中 普工	工日	0.413	0.349	0.329	0.529	0.667	0.524
	一般技工	工日	0.963	0.815	0.767	1.235	1.556	1.222
材料	仪表接头	套	(4.000)	(4.000)	(5.000)	(12.000)	(19.000)	—
	垫铁	kg	0.400	0.400	0.400	0.400	0.400	—
	接地线 5.5~16.0mm²	m	—	—	1.500	1.500	1.500	1.500
	铜芯塑料绝缘电线 BV-1.5mm²	m	—	—	4.000	8.000	15.000	5.000
	线号套管(综合)	m	—	—	0.080	0.200	0.300	0.200
	细白布 宽 900mm	m	0.050	0.050	0.050	0.050	0.050	0.080
	防爆阻燃密封剂	kg	—	—	0.050	0.080	0.150	—
	位号牌	个	1.000	1.000	6.000	13.000	20.000	1.000
	其他材料费	%	5.00	5.00	5.00	5.00	5.00	5.00
仪表	线号打印机	台班	—	—	0.025	0.040	0.050	0.040
	铭牌打印机	台班	0.012	0.012	0.072	0.156	0.240	0.012
	手持式万用表	台班	—	—	0.109	0.176	0.222	0.174
	兆欧表	台班	—	—	0.030	0.030	0.030	0.030
	接地电阻测试仪	台班	—	—	0.050	0.050	0.050	0.050
	对讲机(一对)	台班	—	—	0.164	0.264	0.333	—

二、盘柜附件、元件制作与安装

工作内容：组对、钻孔、安装、固定。

	编 号		6-9-24	6-9-25	6-9-26	6-9-27
	项 目		盘柜照明罩	端子板安装	汇流排	
					制作	安装
			个	组	m	
	名 称	单位	消 耗 量			
人工	合计工日	工日	0.320	0.187	0.419	0.121
	其中 普工	工日	0.096	0.056	0.126	0.036
	一般技工	工日	0.224	0.131	0.293	0.085
材料	端子板 JX2-2510	组	—	（1.000）	—	—
	铜排 25×3	m	—	—	（1.030）	—
	绝缘子	个	—	—	—	（4.000）
	半圆头铜螺钉带螺母 M4×10	套	—	—	18.000	—
	平头螺钉 M4×15	套	—	2.000	—	2.000
	铁砂布 0#~2#	张	—	—	0.500	—
	接地线 5.5~16.0mm²	m	—	—	—	0.800
	其他材料费	%	5.00	5.00	5.00	5.00
机械	摇臂钻床 25mm	台班	—	—	0.228	—

工作内容: 安装、检查、接线、校线、试验。

编　号			6-9-28	6-9-29	6-9-30	6-9-31
项　目			稳压稳频供电源	多点切换开关	盘上其他元件安装	盘内汇线槽安装
			台	个	10个	m
名　称		单位	消　耗　量			
人工	合计工日	工日	0.397	0.243	0.320	0.143
	其中 普工	工日	0.119	0.073	0.096	0.043
	一般技工	工日	0.278	0.170	0.224	0.100
材料	汇线槽	m	—	—	—	（1.030）
	平头螺钉 M4×15	套	—	—	—	2.400
	铜芯塑料绝缘电线 BV–1.5mm²	m	0.500	1.200	—	—
	接地线 5.5~16.0mm²	m	0.800	—	—	—
	真丝绸布 宽 900mm	m	—	0.070	0.050	—
	松香焊锡丝 φ2	m	0.050	0.100	0.500	—
	铁砂布 0#~2#	张	—	—	0.500	—
	线号套管（综合）	m	0.140	0.300	0.050	—
	其他材料费	%	5.00	5.00	5.00	5.00
仪表	线号打印机	台班	0.018	0.011	—	—
	手持式万用表	台班	0.079	0.048	0.064	—

工作内容：制作、安装、盘开孔。

编　号			6-9-32	6-9-33	6-9-34	6-9-35
项　目			减振器制作	减振器安装	仪表盘开孔 80×160 以内	控制室 密封剂
			个			100kg
名　称		单位	消　耗　量			
人工	合计工日	工日	1.953	0.783	0.374	2.520
	其中 普工	工日	0.586	0.235	0.112	0.756
	一般技工	工日	1.367	0.548	0.262	1.764
材料	密封剂	kg	—	—	—	（105.000）
	型钢（综合）	kg	（14.400）	—	—	—
	砂轮片 ϕ100	片	0.050	0.010	—	—
	砂轮片 ϕ400	片	0.050	—	—	—
	铁砂布 0#~2#	张	2.000	1.000	3.000	—
	低碳钢焊条 J427 ϕ3.2	kg	0.100	0.050	—	—
	细白布 宽 900mm	m	0.400	0.050	0.050	0.400
	酚醛防锈漆	kg	0.220	—	—	—
	酚醛调和漆	kg	0.170	—	—	—
	其他材料费	%	5.00	5.00	5.00	5.00
机械	弧焊机 20kV·A	台班	0.300	0.050	—	—
	砂轮切割机 ϕ400	台班	0.500	—	—	—
	台式砂轮机 ϕ100	台班	0.500	0.100	—	—

三、盘、柜校接线

工作内容：电线剥头、打印字码、校线、套线号、压接或焊接端子头、配线、捆扎。

编　号			6-9-36	6-9-37	6-9-38	6-9-39	6-9-40	6-9-41
项　目			端子板校接线			专用插头安装校	盘柜接线检查	盘柜配线
			直压式	端头压接式	锡焊式			
			10头			10个	10头	10m
名　称		单位	消　耗　量					
人工	合计工日	工日	0.231	0.297	0.331	0.423	0.119	0.284
	其中 普工	工日	0.069	0.089	0.099	0.127	0.036	0.085
	一般技工	工日	0.162	0.208	0.232	0.296	0.083	0.199
材料	铜芯塑料绝缘电线 BV-1×1.5mm²	m	—	—	—	—	—	(10.500)
	铁砂布 0#~2#	张	0.300	0.300	0.400	0.100	—	—
	线号套管（综合）	m	0.240	0.240	0.240	—	0.040	0.100
	接线铜端子头	个	—	12.000	—	—	2.000	—
	松香焊锡丝 φ2	m	—	—	0.300	—	—	—
	塑料线夹 φ15	个	—	—	—	—	—	3.000
	钢精扎头 1#~5#	包	—	—	—	—	—	0.200
	标签纸（综合）	m	0.200	0.200	0.200	0.300	0.100	0.500
	其他材料费	%	5.00	5.00	5.00	5.00	5.00	5.00
仪表	线号打印机	台班	0.021	0.027	0.030	0.038	0.011	0.026
	手持式万用表	台班	0.162	0.208	0.231	0.296	0.083	0.199

第十章　仪表附件制作、安装

说　明

一、本章内容包括仪表阀门安装,仪表支架制作与安装,辅助容器、附件制作与安装及取源部件制作与安装。

口径大于 50mm 的阀门执行第八册《工业管道安装工程》相应项目。

二、本章包括以下工作内容:

1. 仪表阀门:领取、清洗、试压、法兰连接、螺纹连接、卡套连接、焊接、接头安装。

2. 取压根部阀是指由工艺预留的根部阀,包括配合工艺专业安装并指定安装位置,并负责连接仪表管路。

3. 仪表支吊架安装、仪表立柱、桥架立柱和托臂安装、穿墙密封架安装、冲孔板 / 槽安装和混凝土基础。

4. 辅助容器及附件制作与安装:制作包括领运、下料、组装、焊接、除锈、刷漆等;安装包括搬运、定位、打眼、本体固定。

5. 取源部件配合安装内容包括取源部件提供、配合定位、焊接、固定。

工程量计算规则

一、取源部件配合安装按"个"为计量单位,安装执行第八册《工业管道安装工程》相应项目。

二、辅助容器、水封和排污漏斗制作与安装按"个"为计量单位。

三、仪表阀门安装按"个"为计量单位。

四、气源分配器制作按供气点6点、12点,分为碳钢(镀锌)、不锈钢、黄铜材质按"个"为计量单位。

五、排污漏斗与防雨罩制作、安装按"10个"为计量单位。防雨罩用于仪表和保护保温箱,计算工程量时不区分大小,主材费按实计算。

六、双杆吊架、冲孔板/槽、电缆穿墙密封架均是成品件。双杆吊架按"对"为计量单位,如单杆安装,按二分之一计算工程量;冲孔板/槽是电缆或管路的固定件,按"m"为计量单位;电缆穿墙密封架安装不分大小,按"个"为计量单位,制作执行第四册《电气设备与线缆安装工程》相应项目。

七、混凝土基础规格400mm×400mm,体积为0.112m³/个,按"10个"为计量单位。如规格与项目不同,可计算出基础体积,再计算工程量。

八、仪表立柱按"10根"作为计量单位,每根1.5m长,立柱材料费按实计算。

一、仪表阀门安装

工作内容: 清洗、试压、焊接或法兰连接、螺纹连接、卡套连接、焊接、接头安装。 计量单位:个

编 号		6-10-1	6-10-2	6-10-3	6-10-4	6-10-5	6-10-6	6-10-7	6-10-8
项 目		焊接式阀门（DN50以下）		法兰式阀门安装（DN50以下）	取压根部阀		外螺纹阀门		
		碳钢	不锈钢		碳钢	不锈钢	碳钢	不锈钢	铜
名 称	单位	消 耗 量							
人工 合计工日	工日	0.182	0.214	0.110	0.143	0.176	0.154	0.181	0.187
其中 普工	工日	0.055	0.064	0.033	0.043	0.053	0.046	0.054	0.056
一般技工	工日	0.127	0.150	0.077	0.100	0.123	0.108	0.127	0.131
材料 阀门	个	(1.000)	(1.000)	(1.000)	—	—	(1.000)	(1.000)	(1.000)
仪表接头	套	—	—	—	(1.000)	(1.000)	(2.000)	(2.000)	(2.000)
碳钢气焊条	kg	—	—	—	0.042	—	0.010	—	—
低碳钢焊条 J427 φ3.2	kg	0.040	—	—	—	—	—	—	—
铜氩弧焊丝	kg	—	—	—	—	—	—	—	0.014
不锈钢焊丝 1Cr18Ni9Ti	kg	—	0.020	—	—	0.010	—	0.010	—
氩气	m³	—	0.056	—	—	0.028	—	0.028	0.039
铈钨棒	g	—	0.112	—	—	0.056	—	0.056	0.078
酸洗膏	kg	—	0.020	—	—	0.015	—	0.010	—
乙炔气	kg	—	—	—	0.016	—	0.010	—	—
氧气	m³	—	—	—	0.042	—	0.026	—	—
细白布 宽 900mm	m	0.020	0.010	0.020	0.020	0.010	0.050	0.010	0.010
清洗剂 500mL	瓶	0.050		0.050	—		0.050		
其他材料费	%	5.00	5.00	5.00	—		5.00	5.00	5.00
机械 试压泵 10MPa	台班	0.021	0.025	0.020	0.023	0.022	0.020	0.023	0.017
弧焊机 20kV·A	台班	0.060	—	—	—	—	—	—	—
氩弧焊机 500A	台班	—	0.070	—	—	0.050	—	0.057	0.055
电动空气压缩机 0.3m³/min	台班	—	—	—	—	—	—	—	0.011

工作内容：准备工作、清洗、试压、焊接或法兰连接、螺纹连接、卡套连接、焊接、接头
安装。

计量单位：个

编　号			6-10-9	6-10-10	6-10-11	6-10-12	6-10-13	6-10-14	6-10-15	6-10-16
项　目			内螺纹阀门			卡套式阀门	气源球阀	三阀组、五阀组		高压角阀（DN6）
			碳钢	不锈钢	铜			碳钢	不锈钢	
名　称		单位	消　耗　量							
人工	合计工日	工日	0.093	0.107	0.101	0.056	0.066	0.217	0.244	0.150
	其中 普工	工日	0.028	0.032	0.030	0.017	0.020	0.065	0.073	0.045
	一般技工	工日	0.065	0.075	0.071	0.039	0.046	0.152	0.171	0.105
材料	阀门	个	(1.000)	(1.000)	(1.000)	(1.000)	(1.000)	(1.000)	(1.000)	(1.000)
	仪表接头	套	(2.000)	(2.000)	(2.000)	(2.000)	(2.000)	(5.000)	(5.000)	—
	高压管件	套	—	—	—	—	—	—	—	(2.000)
	聚四氟乙烯生料带	m	0.200	0.200	0.200	—	0.100	—	—	—
	乙炔气	kg	0.010	—	—	—	—	0.040	—	—
	氧气	m³	0.026	—	—	—	—	0.104	—	—
	不锈钢焊丝 1Cr18Ni9Ti	kg	—	—	—	—	—	—	0.100	—
	氩气	m³	—	—	—	—	—	—	0.280	—
	铈钨棒	g	—	—	—	—	—	—	0.560	—
	酸洗膏	kg	—	—	—	—	—	—	0.050	—
	碳钢气焊条	kg	0.010	—	—	—	—	0.060	—	—
	细白布 宽 900mm	m	0.050	0.010	0.010	—	—	0.050	0.010	0.010
	清洗剂 500mL	瓶	0.050	—	—	0.020	—	0.050	—	0.050
	其他材料费	%	5.00	5.00	5.00	5.00	5.00	5.00	5.00	5.00
机械	电动空气压缩机 0.6m³/min	台班	—	—	—	0.015	0.014	—	—	—
	试压泵 10MPa	台班	0.025	0.029	0.018	—	—	—	—	—
	试压泵 35MPa	台班	—	—	—	—	—	—	—	0.020
	氩弧焊机 500A	台班	—	—	—	—	—	—	0.091	—
	电动空气压缩机 0.3m³/min	台班	—	—	0.009	—	—	—	—	—

二、仪表支架制作、安装

工作内容：准备、运输、组装、安装、焊接或螺栓固定。　　　　　　　　　　计量单位：个

编　号			6-10-17	6-10-18	6-10-19	6-10-20	6-10-21
项　目			托臂安装（臂长 mm 以内）		桥架立柱安装（高度 mm 以内）		
			500	800	1 000	2 500	4 000
名　称		单位	消　耗　量				
人工	合计工日	工日	0.231	0.287	0.397	0.612	0.827
	其中　普工	工日	0.069	0.086	0.119	0.184	0.248
	一般技工	工日	0.162	0.201	0.278	0.428	0.579
材料	桥架支撑	个	（1.000）	（1.000）	—	—	—
	桥架立柱	个	—	—	（1.000）	（1.000）	（1.000）
	低碳钢焊条 J427 φ3.2	kg	—	—	0.100	0.100	0.100
	细白布 宽 900mm	m	0.050	0.050	0.050	0.050	0.100
	其他材料费	%	5.00	5.00	5.00	5.00	5.00
机械	载货汽车 – 普通货车 4t	台班	—	—	—	0.040	0.050
	汽车式起重机 16t	台班	—	—	—	—	0.036
	弧焊机 20kV·A	台班	—	—	0.010	0.010	0.010

工作内容： 下料、组对、焊接、防腐、立柱的底板和加强板焊接固定。

编　号			6-10-22	6-10-23	6-10-24	6-10-25	6-10-26	6-10-27
项　目			仪表支吊架安装			仪表立柱		混凝土基础 400×400
			双杆吊架安装	电缆穿墙密封架安装	冲孔板/槽安装	制作	安装	
			5 对	个	m	10 根		10 个
名　称		单位	消　耗　量					
人工	合计工日	工日	2.348	1.764	0.176	5.623	1.533	14.553
	其中　普工	工日	0.704	0.529	0.053	1.687	0.460	4.366
	其中　一般技工	工日	1.644	1.235	0.123	3.936	1.073	10.187
材料	镀锌钢管 DN50	m	—	—	—	(15.040)	—	—
	热轧厚钢板 δ10	kg	—	—	—	(39.300)	—	—
	双杆吊架	对	(5.000)	—	—	—	—	—
	穿墙密封架	个	—	(1.000)	—	—	—	—
	冲孔板	m	—	—	(1.050)	—	—	—
	铁件（综合）	kg	—	—	—	—	—	45.800
	低碳钢焊条 J427 φ3.2	kg	—	0.150	—	0.500	0.050	1.600
	酚醛防锈漆	kg	—	—	—	1.000	—	—
	酚醛调和漆	kg	—	—	—	0.400	—	—
	清洗剂 500mL	瓶	—	—	—	0.200	—	—
	铁砂布 0#~2#	张	—	—	—	4.000	—	—
	乙炔气	kg	—	—	—	0.040	—	—
	氧气	m³	—	—	—	0.104	—	—
	砂轮片 φ100	片	—	—	—	0.050	0.020	—
	砂轮片 φ400	片	—	—	—	0.050	—	—
	细白布 宽 900mm	m	0.050	0.050	0.020	0.200	0.100	—
	砂子（中砂）	m³	—	—	—	—	—	0.060
	碎石 20~40	m³	—	—	—	—	—	1.000
	圆钉	kg	—	—	—	—	—	0.400
	草袋	个	—	—	—	—	—	10.000
	水泥 P·O 42.5	kg	—	—	—	—	—	400.000
	板枋材	m³	—	—	—	—	—	0.060
	水	kg	—	—	—	—	—	1.300
	其他材料费	%	5.00	5.00	5.00	5.00	5.00	5.00
机械	弧焊机 20kV·A	台班	—	0.040	—	0.100	0.020	0.100
	载货汽车 - 普通货车 15t	台班	—	—	—	—	—	0.200
	砂轮切割机 φ400	台班	—	—	—	1.000	—	—
	台式砂轮机 φ100	台班	—	—	—	0.600	—	—
	手提式砂轮机	台班	—	—	—	—	0.500	—
	台式钻床 16mm	台班	—	—	—	0.100	—	—

三、辅助容器、附件制作与安装

工作内容： 准备、划线、下料切割、钻孔、组对、焊接、焊接头、密封试验、碳钢除锈防腐
刷漆、清洗、不锈钢酸洗、本体固定。

计量单位：个

	编　号		6-10-28	6-10-29	6-10-30	6-10-31	6-10-32	6-10-33
	项　目		辅助容器制作		辅助容器安装	水封制作		水封安装
			碳钢	不锈钢		碳钢	不锈钢	
	名　称	单位	消　耗　量					
人工	合计工日	工日	1.742	2.062	0.518	1.059	1.378	0.408
	其中 普工	工日	0.523	0.619	0.155	0.318	0.413	0.122
	一般技工	工日	1.219	1.443	0.363	0.741	0.965	0.286
材料	无缝钢管 $DN100$	m	(0.500)	(0.500)	—	—	—	—
	钢板（综合）	kg	—	—	—	(5.000)	(5.000)	—
	仪表接头	套	(3.000)	(3.000)	—	—	—	—
	砂轮片 $\phi100$	片	0.010	0.012	—	0.015	0.018	—
	砂轮片 $\phi400$	片	0.005	0.007	—	0.010	0.012	—
	铁砂布 $0^{\#} \sim 2^{\#}$	张	1.000	1.000	—	2.000	2.000	—
	酚醛调和漆	kg	0.200	—	—	0.250	—	—
	酚醛防锈漆	kg	0.200	—	—	0.250	—	—
	油漆溶剂油	kg	0.100	—	—	0.150	—	—
	乙炔气	kg	0.100	—	—	0.015	—	—
	氧气	m³	0.260	—	—	0.039	—	—
	碳钢气焊条	kg	0.120	—	0.010	0.020	—	—
	聚四氟乙烯生料带	m	—	—	0.600	—	—	0.600
	细白布 宽 900mm	m	0.100	0.050	—	0.300	0.200	—
	低碳钢焊条 J427 $\phi3.2$	kg	0.200	—	—	0.300	—	—
	不锈钢焊丝 1Cr18Ni9Ti	kg	—	0.017	—	—	0.017	—
	氩气	m³	—	0.046	—	—	0.046	—
	铈钨棒	g	—	0.092	—	—	0.092	—
	酸洗膏	kg	—	0.050	—	—	0.050	—
	其他材料费	%	5.00	5.00	5.00	5.00	5.00	5.00
机械	电动空气压缩机 0.6m³/min	台班	0.222	0.258	—	—	—	—
	试压泵 6MPa	台班	0.030	0.034	—	0.017	0.022	—
	手提式砂轮机	台班	0.050	0.100	—	0.100	0.150	—
	弧焊机 20kV·A	台班	0.100	—	—	0.200	—	—
	氩弧焊机 500A	台班	—	0.150	—	—	0.180	—

工作内容：准备、划线、下料切割、钻孔、组对、焊接、焊接头、密封试验、碳钢除锈防腐刷漆、清洗、不锈钢酸洗等。

计量单位：个

编　号			6-10-34	6-10-35	6-10-36	6-10-37	6-10-38	6-10-39
项　目			气源分配器制作					
			供气6点			供气12点		
			碳钢	黄铜	不锈钢	碳钢	黄铜	不锈钢
名　称		单位	消　耗　量					
人工	合计工日	工日	0.970	1.103	1.224	1.500	1.587	1.720
	其中 普工	工日	0.291	0.331	0.367	0.450	0.476	0.516
	一般技工	工日	0.679	0.772	0.857	1.050	1.111	1.204
材料	仪表接头	套	（6.000）	（6.000）	（6.000）	（12.000）	（12.000）	（12.000）
	镀锌钢管 DN6~50	m	（1.720）	—	—	（3.240）	—	—
	黄铜管 DN6~50	m	—	（1.720）	—	—	（3.240）	—
	不锈钢管	m	—	—	（1.720）	—	—	（3.240）
	砂轮片 ϕ100	片	0.020	0.020	0.020	0.025	0.025	0.025
	砂轮片 ϕ400	片	0.020	0.020	0.020	0.030	0.030	0.030
	铁砂布 0#~2#	张	1.000	1.000	1.000	2.000	2.000	2.000
	碳钢气焊条	kg	0.096	—	—	0.192	—	—
	乙炔气	kg	0.096	—	—	0.192	0.010	—
	氧气	m³	0.250	—	—	0.499	0.026	—
	铜焊粉	kg	—	0.840	—	—	1.680	—
	铜氩弧焊丝	kg	—	0.084	—	—	0.162	—
	不锈钢焊丝 1Cr18Ni9Ti	kg	—	—	0.099	—	—	0.198
	氩气	m³	—	0.235	0.277	—	0.454	0.554
	铈钨棒	g	—	0.470	0.554	—	0.907	1.109
	酸洗膏	kg	—	—	0.060	—	—	0.100
	细白布 宽 900mm	m	0.200	0.200	0.200	0.300	0.300	0.300
	酚醛防锈漆	kg	0.150	—	—	0.300	—	—
	酚醛调和漆	kg	0.300	—	—	0.600	—	—
	其他材料费	%	5.00	5.00	5.00	5.00	5.00	5.00
机械	电动空气压缩机 0.6m³/min	台班	0.068	0.068	0.068	0.109	0.109	0.109
	氩弧焊机 500A	台班	—	0.200	0.200	—	0.350	0.350
	砂轮切割机 ϕ400	台班	0.200	0.200	0.200	0.300	0.300	0.300
	台式砂轮机 ϕ100	台班	0.100	0.100	0.100	0.160	0.160	0.160

工作内容：准备、运输、组装、安装、固定。　　　　　　　　　　　　　　　　　　　　　计量单位：个

编　号				6-10-40	6-10-41	6-10-42
项　目				气源分配器安装	压力表过压保护器安装	压力表高温散热器安装
名　称			单位	消　耗　量		
人工	合计工日		工日	0.486	0.264	0.374
	其中	普工	工日	0.146	0.079	0.112
		一般技工	工日	0.340	0.185	0.262
材料	气源分配器		台	（1.000）	—	—
	聚四氟乙烯生料带		m	1.000	—	—
	细白布　宽 900mm		m	0.100	0.050	0.050
	位号牌		个	12.000	—	—
	其他材料费		%	5.00	5.00	5.00
仪表	铭牌打印机		台班	0.144	—	—

工作内容：准备、划线、下料切割、钻孔、组对、焊接、除锈防腐刷漆、清洗、本体安装
固定。

计量单位：10个

编　号			6-10-43	6-10-44	6-10-45	6-10-46	6-10-47	6-10-48
项　目			排污漏斗制作		排污漏斗安装	防雨罩制作		防雨罩安装
			碳钢	不锈钢		碳钢	不锈钢	
名　称		单位	消　耗　量					
人工	合计工日		工日	5.182	5.733	0.661	8.159	9.151	2.756
	其中	普工	工日	1.555	1.720	0.198	2.448	2.745	0.827
		一般技工	工日	3.627	4.013	0.463	5.711	6.406	1.929
材料	热轧薄钢板 δ1.0~1.5		kg	（9.200）	—	—	（36.300）	—	—
	不锈钢钢板 δ1.0~1.5		kg	—	（9.230）	—	—	（36.300）	—
	型钢（综合）		kg	—	—	—	（37.400）	（37.400）	—
	铁砂布 0#~2#		张	2.000	2.000	—	4.000	5.000	3.000
	低碳钢焊条 J427 ϕ3.2		kg	—	—	—	2.400	—	0.600
	不锈钢焊条（综合）		kg	—	—	—	—	2.400	—
	酚醛调和漆		kg	0.300	—	—	1.200	—	—
	酚醛防锈漆		kg	0.300	—	—	1.200	—	—
	乙炔气		kg	—	—	0.120	—	—	—
	氧气		m³	—	—	0.312	—	—	—
	碳钢气焊条		kg	—	—	0.120	—	—	—
	清洗剂 500mL		瓶	0.200	—	0.050	0.800	—	0.150
	细白布 宽 900mm		m	0.100	0.100	0.020	0.500	0.500	0.100
	砂轮片 ϕ100		片	0.010	0.010	—	0.030	0.030	—
	其他材料费		%	5.00	5.00	5.00	5.00	5.00	5.00
机械	剪板机 6.3×2 000		台班	0.150	0.150	—	0.400	0.400	—
	折方机 1.5×2 000		台班	—	—	—	0.240	0.250	—
	咬口机 1.5mm		台班	0.100	0.100	—	0.250	0.250	—
	台式钻床 16mm		台班	—	—	—	0.100	0.100	—
	弧焊机 20kV·A		台班	—	—	—	0.200	0.200	0.100

工作内容：取源部件提供、配合定位、焊接、固定。

编号		6-10-49	6-10-50	6-10-51	6-10-52	6-10-53	6-10-54	6-10-55	6-10-56
项目		取源部件配合安装	温度计套管安装		压力表弯制作		压力表弯安装	均压环制作、安装	
			碳钢	不锈钢	碳钢	不锈钢		方型	圆型
		个			10个			套	
名称	单位	消耗量							
合计工日	工日	0.066	0.199	0.254	1.312	1.697	0.413	5.248	7.254
其中 普工	工日	0.020	0.060	0.076	0.394	0.509	0.124	1.574	2.176
一般技工	工日	0.046	0.139	0.178	0.918	1.188	0.289	3.674	5.078
温度计套管	个	—	(1.000)	(1.000)	—	—	—	—	—
仪表接头	套	—	—	—	(10.000)	(10.000)	—	—	—
不锈钢管	m	—	—	—	—	(7.000)	—	—	—
压力表表弯	个	—	—	—	—	—	(10.000)	—	—
无缝钢管 冷拔（综合）	m	—	—	—	(7.000)	—	—	(1.600)	(1.600)
焊接钢管（综合）	m	—	—	—	—	—	—	(12.400)	(10.350)
管件 DN15 以下	套	—	—	—	—	—	—	(18.000)	(16.000)
镀锌锁紧螺母 M20×3	个	—	—	—	—	—	—	(10.000)	(8.000)
丝堵 DN20	个	—	—	—	—	—	—	(16.000)	(10.000)
铁砂布 0#~2#	张	—	—	—	0.050	0.050	—	1.250	1.500
低碳钢焊条 J427 ϕ3.2	kg	—	0.080	—	—	—	—	—	—
碳钢气焊条	kg	—	—	—	0.100	—	—	0.050	—
不锈钢焊丝 1Cr18Ni9Ti	kg	—	—	0.050	—	0.140	—	—	—
氩气	m³	—	—	0.140	—	0.392	—	—	—
铈钨棒	g	—	—	0.280	—	0.784	—	—	—
乙炔气	kg	—	—	—	0.190	—	—	0.040	—
氧气	m³	—	—	—	0.494	—	—	0.104	—
酚醛调和漆	kg	—	—	—	0.250	—	0.100	0.150	0.150
酚醛防锈漆	kg	—	—	—	0.150	—	—	0.250	0.250
清洗剂 500mL	瓶	0.060	0.100	0.100	0.100	—	0.050	—	—
细白布 宽 900mm	m	0.050	0.050	0.100	0.100	0.070	0.050	—	—
密封剂	kg	—	—	—	—	—	—	0.100	0.050
机油	kg	—	—	—	—	—	—	0.200	0.050
其他材料费	%	5.00	5.00	5.00	5.00	5.00	5.00	5.00	5.00
弧焊机 20kV·A	台班	—	0.030	—	—	—	—	—	—
氩弧焊机 500A	台班	—	—	0.040	—	0.300	—	—	—
试压泵 2.5MPa	台班	—	—	—	—	—	—	0.119	0.165

主编单位: 电力工程造价与定额管理总站

专业主编单位: 化学工业工程造价管理总站

参编单位: 中国化学工程集团有限公司

中国化学工程第三建设有限公司

中海油中下游工程造价管理中心

计价依据编制审查委员会综合协商组: 胡传海　王海宏　吴佐民　王中和　董士波

冯志祥　褚得成　刘中强　龚桂林　薛长立

杨廷珍　汪亚峰　蒋玉翠　汪一江

计价依据编制审查委员会专业咨询组: 薛长立　蒋玉翠　杨　军　张　鑫　李　俊

余铁明　庞宗琨

编制人员: 王克振　刘　军　马　力　李恩红　王宇梅　查江冰　任淑贞　蒋玉翠

专业内部审查专家: 褚得成　杜继东　司继彬　李文国

审查专家: 李木盛　薛长立　蒋玉翠　张　鑫　司继彬　张永红　俞　敏

软件支持单位: 成都鹏业软件股份有限公司

软件操作人员: 杜　彬　赖勇军　可　伟　孟　涛